BestMasters

Mit **„BestMasters“** zeichnet Springer die besten Masterarbeiten aus, die an renommierten Hochschulen in Deutschland, Österreich und der Schweiz entstanden sind. Die mit Höchstnote ausgezeichneten Arbeiten wurden durch Gutachter zur Veröffentlichung empfohlen und behandeln aktuelle Themen aus unterschiedlichen Fachgebieten der Naturwissenschaften, Psychologie, Sozialwissenschaften, Technik und Wirtschaftswissenschaften. Die Reihe wendet sich an Praktiker und Wissenschaftler gleichermaßen und soll insbesondere auch Nachwuchswissenschaftlern Orientierung geben.

Springer awards **“BestMasters”** to the best master’s theses which have been completed at renowned Universities in Germany, Austria, and Switzerland. The studies received highest marks and were recommended for publication by supervisors. They address current issues from various fields of research in natural sciences, psychology, social sciences, technology, and economics. The series addresses practitioners as well as scientists and, in particular, offers guidance for early stage researchers.

Yannik Kasprzak

Vergleich verschiedener Reaktionskoordinaten in MD-Simulationen anhand der Polypeptide Ala9, YQNPDGSQA und 1enh

Yannik Kasprzak
Institut für Physik
Universität zu Lübeck
Lübeck, Deutschland

ISSN 2625-3577 ISSN 2625-3615 (electronic)
BestMasters
ISBN 978-3-658-49139-0 ISBN 978-3-658-49140-6 (eBook)
https://doi.org/10.1007/978-3-658-49140-6

Die Deutsche Nationalbibliothek verzeichnet diese Publikation in der Deutschen Nationalbibliografie; detaillierte bibliografische Daten sind im Internet über https://portal.dnb.de abrufbar.

Planung/Lektorat: Karina Kowatsch
Springer Spektrum ist ein Imprint der eingetragenen Gesellschaft Springer Fachmedien Wiesbaden GmbH und ist ein Teil von Springer Nature.
Die Anschrift der Gesellschaft ist: Abraham-Lincoln-Str. 46, 65189 Wiesbaden, Germany

Kurzfassung

Moleküldynamik-Simulationen (MD-Simulationen) sind von großem Wert für das Verständnis der Proteinentfaltung, die trotz vieler Studien noch unvollständig erfasst ist. Diese Simulationen erlauben die Beobachtung der Entfaltung durch Druck- oder Temperaturerhöhung, betrachtet als der Umkehrprozess der Faltung. Reaktionskoordinaten sind essenziell, um in MD-Simulationen Übergangspfade zwischen metastabilen Zuständen zu identifizieren. Ihre Auswahl ist ein aktives Forschungsgebiet, wobei geometrische Reaktionskoordinaten die Dynamikanalyse von Proteinen vereinfachen. Diese Arbeit bewertet fünf Reaktionskoordinaten mittels Simulationen von Ala_9 YQNPDGSQA und dem kleinen Protein 1enh. Analysierte Reaktionskoordinaten sind: (i) Ende-zu-Ende-Abstand, (ii) Gyrationsradius, (iii) solvent accessible surface area (SASA), (iv) root mean square deviation (RMSD), und (v) Länge nativer Wasserstoffbrücken. Während erstere drei kein Vorwissen erfordern, benötigen RMSD und Wasserstoffbrückenvergleich eine Vergleichsstruktur. Die GROMACS-Simulationen wurden zwischen 300 K und 450 K sowie 1 bar und 4 kbar durchgeführt, um Freie-Energie-Profile zu berechnen. Keine Reaktionskoordinate wurde als optimal befunden, jedoch zeigten RMSD und Wasserstoffbrückenlänge tendenziell größere Effektivität. Zusätzlich veranschaulichen Videos den Entfaltungsprozess unter simulierten Bedingungen. Diese Arbeit bietet neue Ansätze zur Dynamikanalyse der Proteinfaltung und -entfaltung und ist eine Grundlage für die Auswahl geeigneter Reaktionskoordinaten in zukünftigen Studien.

Abstract

Molecular dynamics simulations (MD simulations) are of immense value for understanding protein unfolding which is still incompletely understood despite many studies. These simulations allow the observation of unfolding by increasing pressure or temperature viewed as the reverse process of folding. Reaction coordinates are essential to identify transition paths between metastable states in MD simulations. Their selection is an active area of research with geometric reaction coordinates facilitating the dynamics analysis of proteins. This work evaluates five reaction coordinates using simulations of Ala_9, YQNPDGSQA and the small protein 1enh. Analysed reaction coordinates are: (i) end-to-end distance, (ii) gyrate radius, (iii) solvent access surface area (SASA), (iv) root mean square deviation (RMSD), and (v) length of native hydrogen bonds. While the first three require no prior knowledge RMSD and hydrogen bond comparison require a comparative structure. The GROMACS simulations were performed between 300 K and 450 K and 1 bar and 4 kbar to calculate free energy profiles. No reaction coordinate was found to be optimal, however, RMSD and hydrogen bond length tended to show greater effectiveness. Additionally, videos illustrate the unfolding process under simulated conditions. This work provides new approaches to the dynamic analysis of protein folding and unfolding and is a basis for the selection of appropriate reaction coordinates in future studies.

Inhaltsverzeichnis

Abkürzungsverzeichnis

Ala_9	**Ala**nin **9**
ASA	**a**ccessible **s**urface **a**rea
CHARMM	**C**hemistry at **Har**vard **M**acromolecular **M**echanics
DNA	**D**eoxyribo**n**ucleic **a**cid
FRET	**F**örster-**R**esonanz**e**nergie**t**ransfer
GROMACS	**Gro**ningen **Ma**chine for **C**hemical **S**imulations
HTH-Motiv	**H**elix-**T**urn-**H**elix-Motivstruktur
LINCS	**Lin**ear **C**onstraints **S**olver
MD	**M**olekül**d**ynamik
MPEG	**M**oving **P**icture **E**xperts **G**roup
NaN	**N**ot **a** **N**umber
NMR	**N**uclear **M**agnetic **R**esonsanz
PDB	**P**rotein **D**ata **B**ank
ReaxFF	**Reac**tive **F**orce **F**ield
RMSD	**r**oot **m**ean **s**quare **d**eviation
SASA	**s**olvent **a**ccessible **s**urface **a**rea
SPC	**S**imple **P**oint **C**harge
TIP3P	**T**ransferable **I**ntermolecular **P**otential with **3** **P**oints
TIP4P	**T**ransferable **I**ntermolecular **P**otential with **4** **P**oints
VdW	**V**an-**d**er-**W**aals

Abbildungsverzeichnis

Tabellenverzeichnis

1 Einleitung

Proteine, als fundamentale Biomoleküle, sind in allen Zellen zu finden und übernehmen essenzielle Aufgaben in zellulären Prozessen, wie beispielsweise den Transport von Stoffen oder die Katalyse chemischer Reaktionen [1]. Die Erforschung von Proteinen erstreckt sich schon seit langer Zeit über ein breites Forschungsfeld, wobei insbesondere die räumliche Struktur und die Funktion dieser Moleküle von großem Interesse sind. Ein Fokus liegt dabei auf der Frage, wie Proteine spontan ihre räumliche Struktur entfalten, da dies zu einem Verlust ihrer Funktion führen kann. Dieser Prozess kann durch verschiedene Einflussfaktoren wie Temperatur, Druck und die Zugabe von Denaturanten wie Urea beeinflusst werden [1]. Sowohl experimentelle Ansätze im Labor (zum Beispiel FRET- oder NMR-Messungen), als auch theoretische Simulationen am Computer kommen hierbei zum Einsatz. Von besonderem Interesse ist das Verständnis von Faltungsprozessen, da Fehler in der Faltung erhebliche Probleme verursachen können, weil die Proteine dann nicht mehr funktionsfähig sind. Diese Fehlfaltungen können sogar zu schwerwiegenden Krankheiten wie der Creutzfeld-Jakob-Krankheit [2] oder Alzheimer [3] führen.

Moleküldynamik-Simulationen (MD-Simulationen) sind dabei äußerst hilfreich, um die Proteinfaltung oder -entfaltung, in der Theorie am Computer zu untersuchen [4]. Insbesondere da sich die Computertechnik innerhalb der letzten Jahre stark weiterentwickelt hat und Rechenzeiten minimiert und größere Datenmengen verarbeitet werden können, ermöglichen solche MD-Simulationen die detaillierte Analyse von Eigenschaften wie Entfaltungszeiten, -raten und molekularen Wechselwirkungen [5]. Da Biomoleküle in Zellen zumeist in einer wässrigen Umgebung vorliegen, werden diese auch am Computer in wässriger Umgebung simuliert.

Y. Kasprzak, *Vergleich verschiedener Reaktionskoordinaten in MD-Simulationen anhand der Polypeptide Ala9, YQNPDGSQA und 1enh*, BestMasters,
https://doi.org/10.1007/978-3-658-49140-6_1

Der Übergang eines Proteins vom gefalteten, nativen Zustand in einen ungefalteten Zustand kann durch sogenannte Reaktionskoordinaten beschrieben werden [6]. Diese können viele unterschiedliche Formen annehmen, sodass im Rahmen dieser Arbeit lediglich fünf Reaktionskoordinaten stellvertretend gewählt und genauer auf ihre Eignung für MD-Simulationen zur Beobachtung von Entfaltungsprozessen untersucht werden. Mögliche und für diese Arbeit relevante Koordinaten sind:

(a) die Wurzel aus dem mittleren quadratischen Abstand zwischen den gleichen Atomen in zwei überlappenden Strukturen (***r**oot **m**ean **s**quare **d**eviation* – RMSD)
(b) die Abstände der Wasserstoffbrücken d_H, die zur Stabilisierung des nativen Zustandes beitragen
(c) der Abstand vom Anfang zum Ende der Polypeptidkette d_{e2e}
(d) die Lösungsmittel zugängliche Oberfläche des Polypeptids (***s**olvent **a**ccessable **s**urface **a**rea* – SASA)
(e) dem Gyrationsradius R_G, der die untersuchte Struktur in eine Kugel legt und je nach Entfaltung zu einer Vergrößerung/Verkleinerung des Radius führt.

Der Abstand vom Anfang zum Ende der Polypeptidkette soll die Ergebnisse von MD-Simulationen mit möglichen experimentalphysikalischen Beobachtungen vergleichbar machen, wie zum Beispiel FRET-Messungen [7]. SASA [8] und der Gyrationsradius [9] sind Reaktionskoordinaten, die als miteinander verknüpft bezeichnet werden, da beide die Ausdehnung des Molekülvolumens beim Entfaltungsprozess betrachten. Für die Berechnung dieser Reaktionskoordinaten werden keine Vorkenntnisse über die untersuchte Struktur benötigt. Dahingegen wird für den Wasserstoffbrücken-Abstand [10] und das RMSD [11] eine Vergleichsstruktur im nativen Zustand benötigt und somit Vorwissen. Hierbei steht der Abstand der Wasserstoffbrücken für eine weit verbreitete Reaktionskoordinate in MD-Simulationen, da diese häufig genutzt wird. Das RMSD hingegen ist ein mathematischer Ansatz, der bisher selten in MD-Simulationen verwendet wird. Um diese fünf Reaktionskoordinaten vergleichen zu können, werden im Rahmen dieser Arbeit zwei Peptide mit einer Länge von neun Aminosäuren herangezogen, die in einem Fall eine α-Helix in ihrem nativen Zustand bildet (Ala_9) [12] und im anderen Fall ein β-Faltblatt (YQNPDGSQA) [13]. Zudem wird das Protein 1enh [14] betrachtet, welches aus 54 Aminosäuren besteht, was auch die Analyse einer größeren Struktur ermöglicht. Diese drei Strukturen werden mit Hilfe des Programms GROMACS [4] simuliert, welche jeweils eine 20 μs Trajektorie erzeugt. Aus diesen Trajektorien wird im Anschluss, für jede der drei Strukturen und jeweils für jede Reaktionskoordinate, die freie Gibbs-Energie berechnet, um Energielandschaften zu erhalten, welche in Unterabschnitt 2.7.2 genauer beschrieben werden. Diese werden dann pro Struktur für jede Reaktionskoordinate verglichen. Da für die Reaktionskoordinaten RMSD und den Wasserstoffbrückenabstand Vergleichsstrukturen benötigt werden, müssen auch diese erstellt werden, sowie die stabilisierenden Wasserstoffbrücken a priori ermittelt werden, um die Veränderung der Länge über die Simulationszeit beobachten zu können.

Im Rahmen dieser Arbeit erfolgt neben dem Vergleich der Reaktionskoordinaten auch die Erstellung von Videos, welche die Entfaltung der drei genannten Strukturen zeigen und mit ihrer nativen Struktur als Referenz vergleichen. Zusätzlich werden Videos erzeugt, welche die Änderung der Reaktionskoordinaten über einen zeitlichen Verlauf von 20 μs darstellen.

Grundlagen

2

Das Ziel dieses Kapitels besteht in der Einführung und Erläuterung der Grundlagen, die zum Bearbeiten des in dieser Arbeit beschriebenen Themas erforderlich sind. Im Folgenden wird zunächst auf die Moleküldynamik-Simulation und deren Eigenschaften eingegangen. Im Anschluss erfolgt eine Einführung zu Proteinen und Polypeptiden sowie deren Faltung und Entfaltung. Abschließend werden die in dieser Arbeit relevanten Reaktionskoordinaten erörtert.

2.1 Moleküldynamik-Simulation

Die Moleküldynamik-Simulation (MD-Simulation) stellt eine Gruppe von theoretischen Verfahren dar, welche auf Berechnungen am Computer basieren. Ihr Ziel ist die theoretische Beschreibung komplexer Systeme in statischen und dynamischen Eigenschaften [15]. Um die Dynamik eines Proteins adäquat zu beschreiben, sind quantenmechanische Betrachtungen erforderlich. In diesem Kontext muss die Schrödingergleichung

$$\hat{H}\Psi(r, \mathbf{R}) = E\Psi(r, \mathbf{R}) \tag{2.1}$$

für n Elektronen und N Kerne gelöst werden. Hierbei sind $\hat{H}$ der Hamilton-Operator, $\Psi(r, \mathbf{R})$ die Wellenfunktion, E der Energieeigenwert, r der Vektor in den Koordinaten der Elektronen und $\mathbf{R}$ der Vektor mit den Koordinaten der Kerne.

Der Hamilton-Operator $\hat{H}$ kann durch die Summe von zwei Operatoren, die mit den Observablen der kinetischen und potentiellen Energie assoziiert sind, gebildet werden, wobei beide Energien jeweils für die Kerne und Elektronen vorliegen. Um die stationäre Schrödingergleichung lösen zu können, muss zunächst

Y. Kasprzak, *Vergleich verschiedener Reaktionskoordinaten in MD-Simulationen anhand der Polypeptide Ala9, YQNPDGSQA und 1enh*, BestMasters,
https://doi.org/10.1007/978-3-658-49140-6_2

eine Vereinfachung mit Hilfe der Born-Oppenheimer-Näherung

$$\Psi(r, \mathbf{R}) = \Psi_{\text{Elektron}}(r)\Psi_{\text{Kern}}(\mathbf{R}) \tag{2.2}$$

vorgenommen werden. Hierbei entspricht der Term $\Psi(r, \mathbf{R})$ der Gesamtwellenfunktion, $\Psi_{\text{Elektron}}(r)$ der Wellenfunktion der Elektronen und $\Psi_{\text{Kern}}(\mathbf{R})$ der Wellenfunktion des Kerns. Diese Näherung erlaubt es, die Elektronen getrennt von den Kernen zu betrachten [16]. Währenddessen beruht die Annahme der Born-Oppenheimer-Näherung auf der Prämisse, dass die Kerne aufgrund ihrer höheren Masse eine geringere Geschwindigkeit aufweisen und sich somit auf einer längeren Zeitskala als die Elektronen bewegen [17].

Da die vollständige Beschreibung aller Eigenschaften eines Systems nur mit quantenmechanischen Betrachtungen erfolgen kann, ist diese mit einem hohen Rechen- und Zeitaufwand verbunden. Aus diesem Grund können solche Simulationen lediglich für kleine Moleküle und kurze Zeiten durchgeführt werden. Ein aktueller Ansatz ist daher, alle Betrachtungen mit klassischen Verfahren zu berechnen [5]. Dabei werden einige Parameter im Vorfeld als Vorwissen vorgegeben, hierzu gehört unter anderem eine Startstruktur, die Größe der Simulationsbox und das zu verwendende Wassermodell. Klassische Verfahren erlauben keine Betrachtung chemischer Reaktionen (insbesondere Bindungen und Bindungsbrüche), sondern lediglich die Analyse der Bewegung von Atomkernen. Dieser Ansatz ermöglicht die Untersuchung größerer Systeme (mehrere 100 Atome) über einen längeren Zeitraum als bei quantenmechanischen Betrachtungen. Eine Möglichkeit für einen klassischen Ansatz basiert auf dem zweiten Newtonschen Gesetz

$$\mathbf{F} = m\mathbf{a} = -\nabla\mathbf{V} \tag{2.3}$$

und kann als Potential formuliert werden, welches für MD-Simulationen genutzt wird. Hierbei ist $\mathbf{F}$ der Kraftvektor, m die Masse der Atomkerne, $\mathbf{a}$ die zweite Ableitung des Ortsvektors der Kerne und $\mathbf{V}$ das Potential [18]. Gleichung 2.3 ist ein System von Differentialgleichungen, bei denen die Kräfte von allen Koordinaten abhängen und aus den negativen Gradienten des Potentials hervorgehen. Aufgrund der Kopplung des genannten Differentialgleichung-Systems gibt es keine analytische Lösung der Bewegungsgleichung.

2.1.1 Algorithmen zur Lösung der Bewegungsgleichung

Der Verlet-Algorithmus stellt eine numerische Lösung für klassische Bewegungsgleichungen dar und beruht auf zwei Taylor-Entwicklungen der dritten Ordnung

$$\vec{x}(t + \Delta t) = 2\vec{x}(t) - \vec{x}(t - \Delta t) + \vec{a}(t)\Delta t^2 + O(\Delta t^4), \tag{2.4}$$

wobei $O(\Delta t^4)$ der Fehler der Ortskoordinate ist, welcher mit größeren Zeitschritten Δt zunimmt. Der Algorithmus verwendet Informationen über die Position eines Teilchens zu zwei aufeinanderfolgenden Zeitpunkten t und $t - \Delta t$, um die Position bei $t + \Delta t$ zu bestimmen [19, 20]. Dieser Algorithmus lässt sich weiter anpassen und wird dann als Leapfrog-Algorithmus bezeichnet. Er ermittelt die Position R_i zur Zeit t sowie die Geschwindigkeit v_i zur Zeit $t - \frac{1}{2}\Delta t$. Somit erhalten wir

$$\vec{x}(t + \Delta t) = \vec{x}(t) + \vec{v}\left(t + \frac{1}{2}\Delta t\right)\Delta t \, [4]. \tag{2.5}$$

Der Name Leapfrog-Algorithmus resultiert aus der Zeitversetzung des Ortes und der Geschwindigkeit um $\frac{1}{2}\Delta t$, sodass die Zeitpunkte der beiden Größen immer übereinander „springen". Dabei wird die Geschwindigkeit zunächst „halbversetzt" berechnet, anschließend die Position aktualisiert, um abschließend die Geschwindigkeit für den nächsten Zeitschritt zu berechnen. Geschwindigkeiten und Positionen werden explizit behandelt, was für viele physikalische Systeme nützlich ist. Die aus diesem Algorithmus resultierende Trajektorie ist zwar identisch zu der aus dem Verlet-Algorithmus [4], erfasst jedoch sowohl die Position als auch die Geschwindigkeit genauer, da diese zeitlich versetzt voneinander berechnet werden.

Der Verlet-Algorithmus (und auch der Leapfrog-Algorithmus) durchläuft folgende Schritte:

1. **Position aktualisieren:** Die neue Position wird aus der aktuellen Position, der vorherigen Position und der aktuellen Beschleunigung berechnet.
2. **Kraft berechnen:** Die Kraft $\vec{F}(t)$ muss zum Zeitpunkt t bestimmt werden. Diese hängt oft von der aktuellen Position $\vec{x}(t)$ ab.
3. **Iterieren:** Der Algorithmus wird iterativ ausgeführt, um die Positionen des Teilchens für die nächsten Zeitschritte zu berechnen.

Eine weitere Möglichkeit, die Differentialgleichungen zu lösen, liegt im LINCS-Algorithmus (**Lin**ear **C**onstraints **S**olver), welcher in dieser Arbeit verwendet wird. Im Gegensatz zu den anderen oben genannten Algorithmen verfolgt der LINCS-Algorithmus nicht das Ziel, die Bewegungsgleichungen direkt zu lösen. Vielmehr handelt es sich beim LINCS-Algorithmus um einen spezialisierten Algorithmus zur Behandlung von Nebenbedingungen, der sich darauf konzentriert, die Bindungen zwischen Atomen zu beschränken. Dies erreicht er, indem die variablen Bindungsabmessungen durch feste Konstanten ersetzt und diese systematisch berechnet werden, um Einschränkungen innerhalb des Systems präzise darzustellen [4]. Ohne diese Beschränkung könnten kleine numerische Fehler in der Integration der Bewegungsgleichungen dazu führen, dass die Bindungslängen unrealistisch variieren, was die physikalische Korrektheit der Simulation beeinträchtigt.

2.2 Trajektorien

Die Lösung der Differentialgleichungen mithilfe der Algorithmen führt zu zahlreichen Trajektorien, welche die Dynamik der Teilchen über mehrere aufeinanderfolgende Zeitschritte hinweg beschreiben. Dabei wird sowohl der räumliche Ort als auch die Geschwindigkeit der Teilchen zu jeder einzelnen Zeit markiert, sodass eine umfassende Darstellung der molekularen Bewegung entsteht [5]. In der Trajektorie selbst werden jedoch nur solche Frames gesichert, die größere zeitliche Abstände als die eigentlichen Diskretisierungsschritte t besitzen. Diese Strategie wird angewandt, um Speicherbedarf für die typischerweise langen Trajektorien zu reduzieren [4].

2.3 Kraftfelder

In der Moleküldynamik werden Wechselwirkungen zwischen einzelnen Atomen betrachtet [15]. Dazu werden die Eigenschaften der vorliegenden Kraftfelder genutzt, um das Potential, welches positionsabhängig ist, für jedes Atom eines Moleküls zu bestimmen.

Das Potential kann sowohl quantenmechanisch als auch klassisch bestimmt werden. Die Betrachtung über die Quantenmechanik ermöglicht eine exakte Bestimmung des Potentials, ist jedoch, wie bereits in Abschnitt 2.1 dargelegt, deutlich rechenintensiver und wird daher in den meisten Fällen nicht durchgeführt. In einigen Fällen ist die Berechnung so aufwändig, dass sie schlichtweg nicht möglich ist, da sie die Rechenleistung der verwendeten Computer überschreitet oder zu sehr langen Rechenzeiten führt [15, 21]. Die klassische Betrachtung führt zu schnelleren Berechnungen, die eine gute Annäherung an den exakten Wert darstellen. Da es sich bei der klassischen Berechnung um eine Approximation handelt, existiert kein universelles Modellpotential. Stattdessen wird das Modell je nach Anwendung angepasst. Diese Modelle können lediglich mit begrenzter Genauigkeit und ausschließlich in der Nähe der Gleichgewichte die Wechselwirkungen der Atome beschreiben.

Der einfachste Ansatz, Atome in Kraftfeldern zu betrachten, liegt darin, diese als Kugeln zu betrachten, wobei die Elektronen vernachlässigt werden. Um das Gesamtpotential V_{total} zu bestimmen, werden gemäß

$$V_{\text{total}} = V_{\text{Bindungen}} + V_{\text{Winkel}} + V_{\text{Dieder}} + V_{\text{VdW}} + V_{\text{Coulomb}} \tag{2.6}$$

die Potentiale der bindenden und nicht-bindenden Wechselwirkungen zwischen den Atomen addiert [15]. Hierbei wird in den folgenden Unterkapiteln genauer auf die unterschiedlichen Potentiale eingegangen.

2.3.1 Bindende Kräfte

Zu den bindenden Wechselwirkungen zählen die Bindungsabstände, Bindungswinkel und Diederwinkel. Beim Potential für die Bindungsabstände wird die Summe der Bindungsabstandspotentiale gebildet, wobei jede Bindung nur einmal gezählt wird. Eine Approximation für das harmonische Potential (siehe Abbildung 2.1) wäre das Hooksche Gesetz

$$V_{\text{Bindungen}} = \frac{1}{2} K_r (r - r_0)^2, \tag{2.7}$$

welches die elastische Verformung von Festkörpern (hier Atome) beschreibt [4]. Hierbei ist K_r die Kraftkonstante, welche in den Kraftfeldern hinterlegt ist, r der Abstand zwischen den Atomen und r_0 die Gleichgewichtsbindungslänge. Für kleine Auslenkungen ist die Näherung über das harmonische Potential ausreichend, jedoch kann das harmonische Potential keine Bindungsbrüche und die temperaturabhängige Längenänderung der Bindung erklären [15]. Daher verwendet man ein anharmonisches Potential wie zum Beispiel das Morse-Potential (siehe Abbildung 2.1). Es ist jedoch zu berücksichtigen, dass die Berechnung des

Morse-Potentials im Vergleich zu harmonischen Potentialen deutlich komplexer ist.

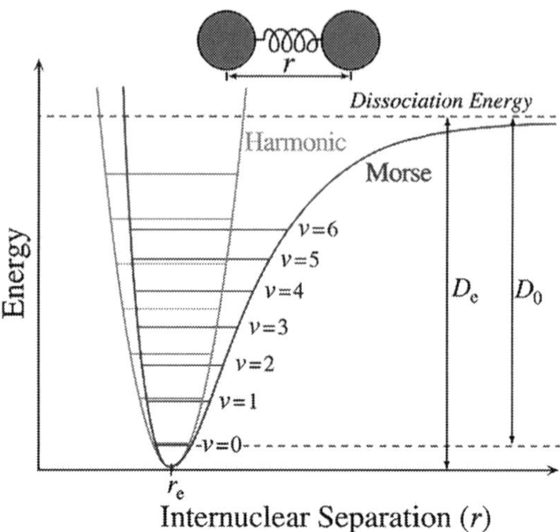

Abbildung 2.1 Harmonisches Potential (grün) und anharmonisches Potential in Form des Morse-Potentials (blau) in Abhängigkeit von der Energie und dem internuklearen Abstand. Abbildung entnommen aus [22]

Für das Potential des Bindungswinkels (Abbildung 2.2 (a)) gilt, dass es auch durch ein harmonisches Potential

$$V_{\text{Winkel}} = \frac{1}{2} K_w (\theta - \theta_0)^2 \tag{2.8}$$

dargestellt werden kann. Hierbei ist θ_0 der Gleichgewichtswinkel und K_w eine Kraftkonstante. Zuletzt kann das Potential des Diederwinkels (siehe Gleichung 2.9) als ein periodisches Potential (Abbildung 2.3) charakterisiert werden. Der Diederwinkel V_{Dieder} (siehe Abbildung 2.2)

$$V_{\text{Dieder}} = K_D(1 + \cos(n\varphi - \gamma)) \tag{2.9}$$

wird über vier Atome und somit drei Bindungen ermittelt und beschreibt in der Geometrie den Winkel zwischen zwei durch jeweils drei ebene Punkte aufgespannten Flächen [15]. Hierbei ist K_D die Kraftkonstante des Diederwinkels, n die Zähnigkeit, welche angibt, wie viele Bindungen zum Zentralatom ein Ligand ausbilden kann [23], φ der Diederwinkel und γ der Phasenfaktor.

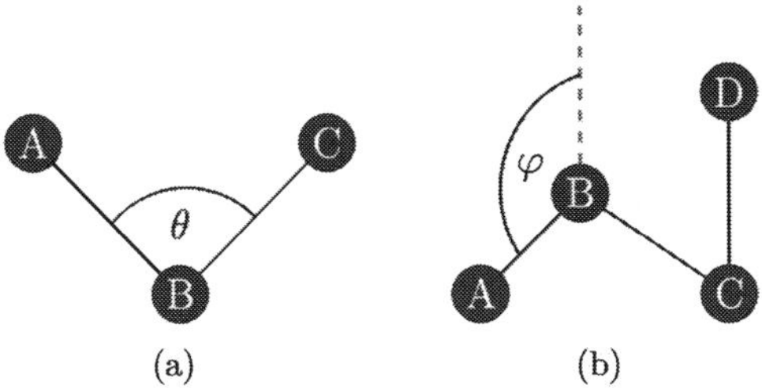

Abbildung 2.2 (a) Darstellung des Bindungswinkels θ, (b) Darstellung des Diederwinkels φ, welcher den Winkel zwischen zwei durch jeweils drei ebene Punkte aufgespannten Flächen beschreibt. Die rote gestrichelte Linie ist die nach hinten projizierte Bindung zwischen den Atomen C und D

2.3.2 Nicht-bindende Kräfte

Zu den nicht-bindenden Wechselwirkungen gehören die Van-der-Waals-Kräfte (VdW-Kräfte) V_{VdW} und die elektrostatischen Wechselwirkungen V_{Coulomb}. Die elektrostatischen Wechselwirkungen können durch das Coulombgesetz

$$V_{\text{Coulomb}} = \frac{1}{4\pi\,\varepsilon_0\varepsilon_r}\frac{q_i q_j}{r_{ij}} \tag{2.10}$$

beschrieben werden [15] (siehe Abbildung 2.4). Hierbei entsprechen q_i und q_j kugelsymmetrisch verteilten Ladungsmengen und r_{ij} dem Abstand zwischen den Mittelpunkten der Ladungsmenge.

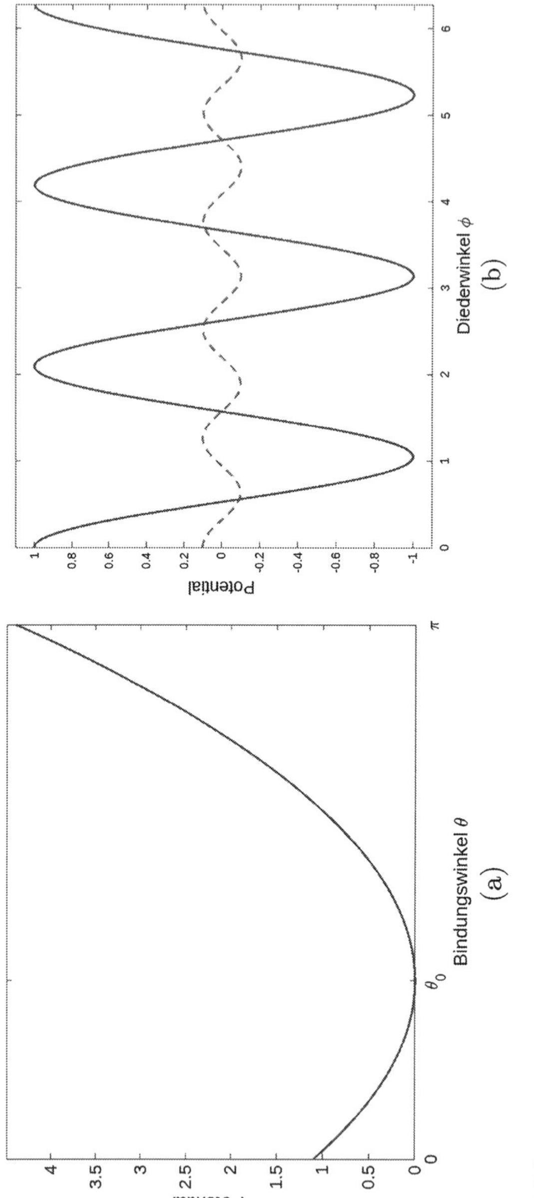

Abbildung 2.3 (a) Darstellung des Potentials für den Bindungswinkel, welches über das Harmonische Potential beschrieben wird, welches um den Gleichgewichtswinkel θ_0 entwickelt wird. (b) Beispiel für ein periodisches Potential des Diederwinkels. Ethan (rot, gestrichelt) zeigt gegenüber Ethen (blau) eine doppelt so hohe Frequenz, da hier pro Kohlenstoffatom nur zwei statt drei Wasserstoffatome vorhanden sind, allerdings ist die Rotation aufgrund der Doppelbindung eingeschränkt [21]

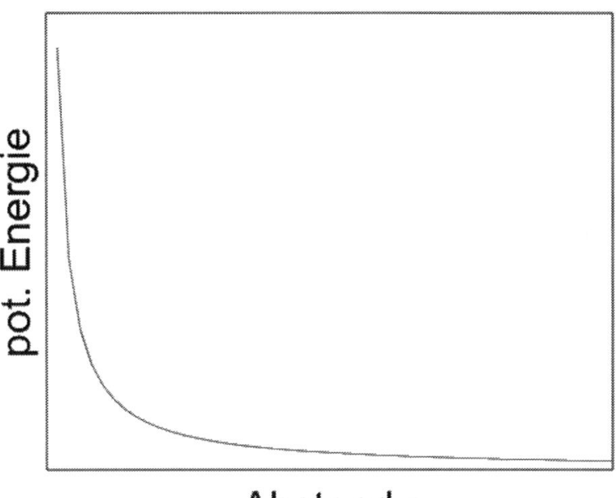

Abbildung 2.4 Darstellung des Coulombpotentials für zwei gleichnamige Ladungen

Die Van-der-Waals-Wechselwirkung

$$F_{VdW} = -\frac{Ar_i \cdot r_j}{(r_i + r_j)6r_0^2} \tag{2.11}$$

kann durch die Interaktion zweier induzierter Dipole erklärt werden. Hierbei sind r_i und r_j die Radien der Atomkugeln, A die Hamaker-Konstante und r_0 der Abstand zwischen den Oberflächen [24]. Die VdW-Wechselwirkung kann in zwei Teile aufgeteilt werden:

- Van-der-Waals Anziehung
- Pauli-Abstoßung

Diese werden im Lennard-Jones-Potential V_{LJ}

$$V_{LJ} = 4\varepsilon\left(\left(\frac{r_0}{r_{ij}}\right)^{12} - \left(\frac{r_0}{r_{ij}}\right)^{6}\right) \tag{2.12}$$

(siehe Abbildung 2.5) zusammengefasst. Dabei fungiert 4ε als Skalierungsparameter, der die genaue Berücksichtigung der Stärke des Potentials bei sowohl anziehenden als auch abstoßenden Wechselwirkungen gewährleistet. Diese Auswahl ermöglicht eine standardisierte Darstellung des Potentials, bei der der Minimalwert des Potentials auf $-\varepsilon$ festgesetzt ist. Dies erleichtert die Analyse, indem ε direkt als Indikator für die Bindungsenergie interpretiert werden kann. Die VdW-Kraft beschreibt vor allem die Anziehungskräfte zwischen Atomen und Molekülen, wobei diese elektrisch neutral sind und sich nicht berühren [25]. Diese gehen mit r^{-6} ins Lennard-Jones-Potential ein. Die Pauli-Abstoßung beschreibt die abstoßenden Kräfte und geht mit r^{-12} ein. Die Pauli-Abstoßung tritt bei kleinen Abständen zwischen den Elektronenhüllen auf. In dem Punkt, wo sich die in Abbildung 2.5 dargestellten Kräfte gegenseitig aufheben, liegt das Minimum der potentiellen Energie vom Lennard-Jones-Potential.

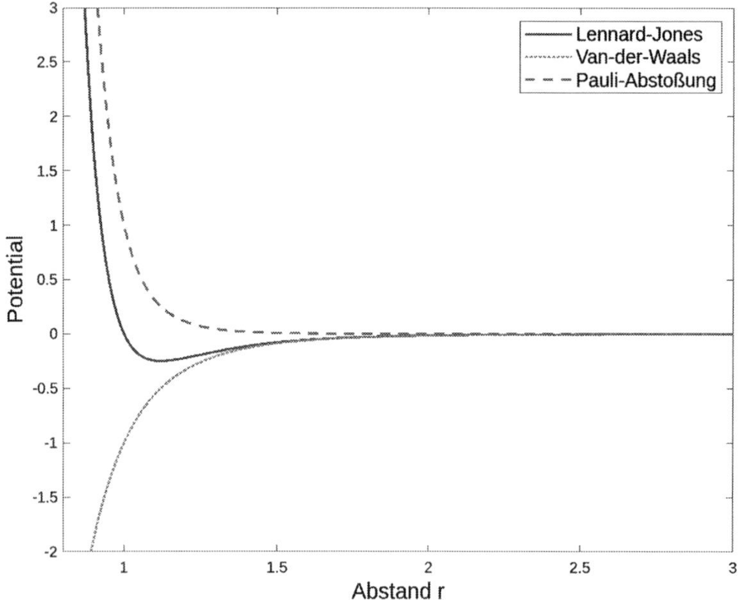

Abbildung 2.5 Darstellung vom Lennard-Jones-Potential (blau), Van-der-Waals-Anziehung (orange, gepunktet) und Pauli-Abstoßung (rot, gestrichelt)

2.4 Die Simulationsbox

In MD-Simulationen wird der Raum, in dem die Atome und Moleküle simuliert werden, durch eine so genannte Simulationsbox räumlich beschränkt. Neben der Wahl der Beschränkung ist auch die Form der Box von großer Bedeutung. Wichtig ist, dass die zu simulierende Struktur vollständig in der Box liegt. Diese darf allerdings auch nicht zu groß gewählt werden, da sonst der Rechenaufwand und die Rechenzeit sehr stark steigen. Je nach Struktur kann dabei zwischen verschiedenen Geometrien wie zum Beispiel kubischen, zylindrischen oder kugelförmigen Boxen gewählt werden [26]. Da sich die simulierte Struktur bei den Simulationen sowohl ausdehnt als auch rotiert und sich verschiebt, müssen auch die verwendeten Boxen über spezielle Beschränkungen an den Rändern verfügen. Es gibt im Allgemeinen zwei Konzepte, wie die Beschränkung umgesetzt werden kann:

- Reflektierende Wände
- Periodische Randbedingung

2.4.1 Reflektierende Wände

Das Konzept der reflektierenden Wände gehört zu den einfachsten Konzepten. Dabei soll verhindert werden, dass simulierte Atome die Simulationsbox verlassen. Dies wird in den meisten Fällen durch ein äußeres Potential $V(r)$ umgesetzt, welches innerhalb der Box der Größe a einen Wert von Null und außerhalb einen unendlich großen Wert annimmt [5].

$$V(r) = \begin{cases} 0 & r \leq a \\ \infty & r > a \end{cases} \tag{2.13}$$

Jedes Atom, das sich der Wand der Simulationsbox nähert, wird anschließend elastisch reflektiert. Es gilt also die geometrische Betrachtung Einfallswinkel gleich Ausfallswinkel. Wichtig ist bei dieser Randbetrachtung, dass das Potential $V(r)$ einen Einfluss auf das simulierte Molekül hat, da sich die am Rand wirkenden Kräfte von den Kräften in der Mitte der Box unterscheiden. Um den Einfluss so gering wie möglich zu halten, muss die Box so groß gewählt werden, dass Wechselwirkungen mit dem Rand statistisch selten vorkommen. Jedoch darf die

Box auch nicht zu groß gewählt werden, da sonst, aufgrund der Wassermoleküle als Umgebungsmedium, die Rechenzeit stark ansteigt.

Ein Beispiel für den praktischen Einsatz von Simulationsboxen mit reflektierenden Wänden ist die Untersuchung des Verhaltens von Partikeln an der Oberfläche fester Körper [5].

2.4.2 Periodische Randbedingungen

Eine weitere Möglichkeit, Simulationsboxen zu definieren, liegt im Konzept der periodischen Randbedingungen. Hierbei können die Atome und Moleküle ungehindert die Box zu allen Seiten ohne Widerstand verlassen. Wichtig ist, dass die Anzahl der Teilchen zu jedem Zeitpunkt innerhalb einer Box konstant bleibt [5]. Um das zu erreichen, wird die Box beliebig oft kopiert und überlappungsfrei in alle Raumrichtungen aneinandergereiht, wie in Abbildung 2.6 dargestellt [5, 26]. Verlässt ein Teilchen die Simulationsbox auf der einen Seite, so tritt es gleichzeitig auf der gegenüberliegenden Seite aus der benachbarten (imaginären) Box wieder in die ursprüngliche Box ein [28]. Dadurch bleibt die Teilchenanzahl zu jedem Zeitpunkt gleich. Damit das Molekül bzw. die Atome nicht mit den Atomen der Nachbarbox wechselwirken, wird ein sogenannter Cut-Off-Radius vordefiniert, bei dem die Atome außerhalb nicht mehr betrachtet werden [5, 28].

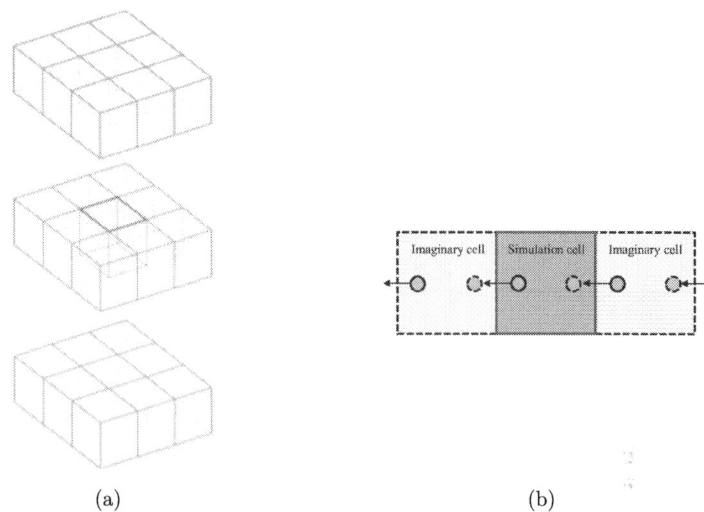

Abbildung 2.6 (a) Darstellung als Explosionszeichnung der überlappfreien Aneinanderreihung von Boxen in drei Raumrichtungen. In rot ist die ursprüngliche Simulationsbox dargestellt (Abbildung entnommen aus [5]). (b) Zweidimensionale Darstellung, die veranschaulicht, wie die Anzahl der Teilchen in der Box gleich bleibt, indem äquivalente Teilchen aus angrenzenden imaginären Boxen über die Ränder in die Ursprungsbox gelangen. Abbildung entnommen aus [27]

2.4.3 Boxgeometrien

In MD-Simulationen mit periodischen Randbedingungen können fünf verschiedene Simulationsboxformen auftreten: Triklinisch, das hexagonale Prisma, zwei Arten von Dodekaedern und das abgestumpfte Oktaeder [29], siehe Abbildung 2.7. Dies sind auch die einzigen möglichen Boxgeometrien, die bei periodischen Randbedingungen gelten, da hierbei die überlappungsfreie Aneinanderreihung gewährleistet ist. Ein Zylinder oder eine Kugel hingegen ist für diese Art von Simulation ungeeignet, da bei der Aneinanderreihung zwangsläufig Lücken oder Überlappungen entstehen würden. Diese Einschränkung ergibt sich aus den geometrischen Eigenschaften dieser Formen. Solche Geometrien können jedoch in speziellen Simulationen mit anderen Randbedingungen, wie z. B. reflektierenden oder absorbierenden Rändern, sinnvoll sein. Ein Beispiel dafür sind Simulationen, bei denen keine vollständige Periodizität, sondern lokal begrenzte Phänomene wie Diffusion oder Adsorption untersucht werden. In Abbildung 2.8 ist ein Beispiel mit drei abgestumpften Oktaedern dargestellt. Die Auswahl der optimalen Geometrie für die Box ist von erheblicher Bedeutung. Diese Tatsache lässt sich auf mehrere Gründe zurückführen, zu denen im Wesentlichen die folgenden zählen:

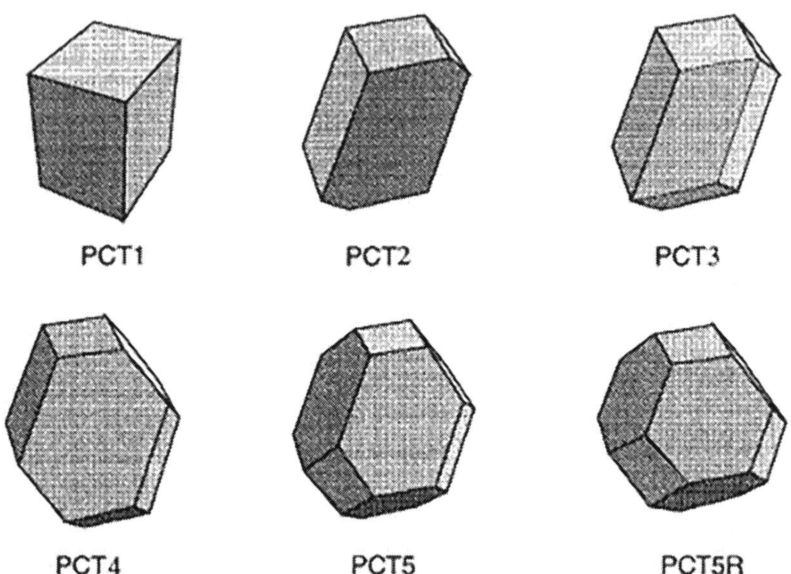

Abbildung 2.7 Abbildungen der triklinischen Box (PCT1), des hexagonalen Prismas (PCT2), zweier Arten von Dodekaedern (PCT3 und PCT4), des abgestumpften Oktaeders (PCT5) und der regelmäßigsten Abbildung des abgestumpften Oktaeders (PCT5R). Abbildung entnommen aus [29]

- Bei MD-Simulationen werden häufig periodische Randbedingungen eingesetzt, um die Entstehung nicht-physikalischer Randeinflüsse zu unterdrücken und ein ideales Modell eines Systems mit unendlicher Teilchenzahl zu schaffen. Die Geometrie der Simulationsbox spielt eine entscheidende Rolle dabei, wie die Moleküle an den Rändern replizieren. Eine unpassende Wahl der Boxstruktur kann unnatürliche Interaktionsmuster hervorrufen.
- Eine Box sollte exakt die analysierte Struktur umfassen und dabei keinen überflüssigen Raum einschließen. Übermäßiger Leerraum verlängert die Berechnungszeit, da die Interaktionen innerhalb dieser zusätzlichen Bereiche ebenfalls berücksichtigt werden müssen.

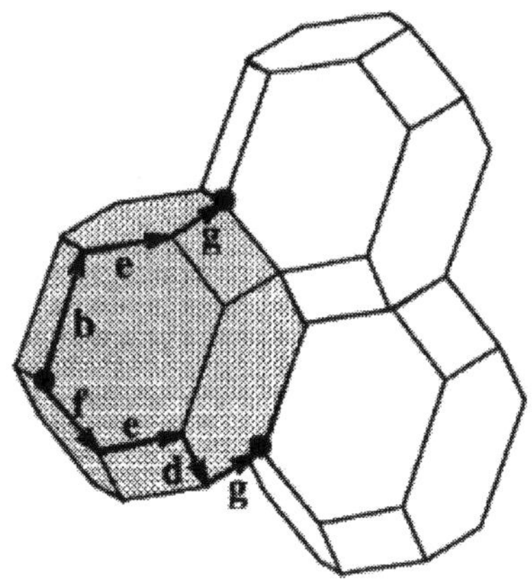

Abbildung 2.8 Darstellung von drei aneinander gereihten abgestumpften Oktaeder, die keinen Überlapp und keine Hohlräume bilden. Abbildung entnommen aus [29]

- Bei anisotropen Systemen kann eine ungeeignete Boxform die Geometrie oder physikalischen Eigenschaften des Systems verzerren. Ein Beispiel hierfür sind Flüssigkristalle, die eine Ausrichtung in einer spezifischen Richtung annehmen und folglich eine darauf abgestimmte Simulationsbox erfordern, um ihre Symmetrie präzise zu erfassen.
- Für zahlreiche Systeme ist eine intrinsische Symmetrie vorhanden (beispielsweise kubisch oder hexagonal), welche in der Form der Simulationsbox berücksichtigt werden muss. Um das Auftreten von Artefakten zu vermeiden, muss die Box so gestaltet sein, dass sie die Symmetrie des Systems widerspiegelt. Ein kubisches Kristallsystem muss daher innerhalb einer kubischen Simulationsbox untersucht werden, um seine Symmetriecharakteristika zu bewahren.

2.5 Simulationsmedium

Das Umgebungsmedium für Polypeptide und Proteine in Moleküldynamik-Simulationen ist zumeist Wasser, da hierbei die biologischen Bedingungen realitätsnah rekonstruiert werden können. Wasser ist in der Natur und Technologie allgegenwärtig, und seine Fähigkeit, Wasserstoffbrückenbindungen auszubilden, prägt seine Eigenschaften. Das Wassermolekül (H_2O) besteht aus zwei Wasserstoffatomen, die über ein Sauerstoffatom miteinander verbunden sind. Das

Wassermolekül ist aufgrund seiner asymmetrischen Ladungsverteilung und aufgrund der Tatsache, dass der Sauerstoffkern den Wasserstoffkernen Elektronen entzieht, ein elektrisch polares Gebilde. Es liegt somit ein Dipolmoment vor [1].

Die Wasserstoffbrückenbindung ist die Wechselwirkung zwischen den Wasserstoffatomen des einen Moleküls und den Sauerstoffatomen eines anderen Moleküls, siehe Abbildung 2.9 [1]. Die Wechselwirkung von Wasser muss in der Simulation gut modelliert werden, da sie zu einem kleinen Anteil auch kovalenten Charakter haben und sich nicht nur mit Coulomb- und Lennard-Jones-Wechselwirkung beschreiben lassen [30]. Aufgrund der komplexen Eigenschaften von Wasser kann man bei MD-Simulationen je nach Anwendung auf verschiedene Wassermodelle zurückgreifen. Mögliche Modelle sind das Simple Point Charge Modell (SPC), das TIP3P Modell, das TIP4P Modell, das Reactive Force Field (ReaxFF), sowie viele weitere.

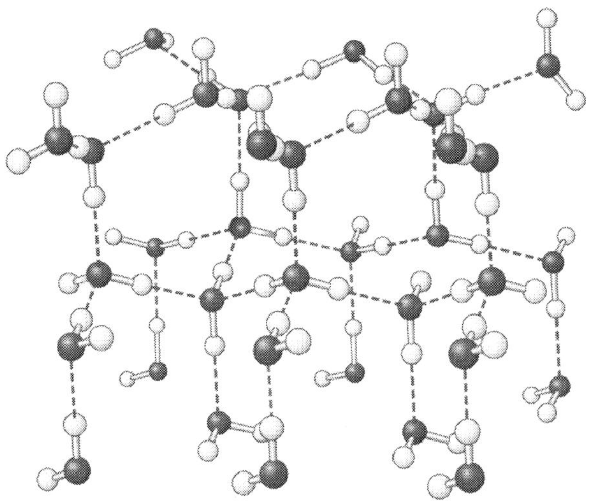

Abbildung 2.9 Zwischen den Wassermolekülen bilden sich Wasserstoffbrücken (grün gestrichelte Linien), sodass eine hochgradig geordnete und offene Struktur entsteht. Abbildung entnommen aus [1]

2.6 Ensembles

In der Moleküldynamik beschreibt ein Ensemble eine ausgewählte Sammlung von Systemzuständen, die durch eine spezifische Gruppe von makroskopischen Merkmalen wie z. B. Energie, Druck oder Temperatur charakterisiert werden. Die Konzepte der statistischen Mechanik bilden die Grundlage für Ensembles und stellen ein theoretisches Modell bereit, um atomare Systeme zu simulieren. Bei einem System, wie einem im Wasser gelösten Polypeptid, ist eine Kontrolle der meisten Freiheitsgrade nicht möglich. Anstelle der Kontrolle sämtlicher Freiheitsgrade erfolgt eine Fokussierung auf ausgewählte, makroskopische Variablen, beispielsweise Druck p, Volumen V, Temperatur T, Energie E und Teilchenzahl N. Diese sind nicht alle unabhängig voneinander, da sie über die Zustandsgleichungen

$$pV = Nk_BT \tag{2.14}$$

und

$$E = \frac{3}{2}Nk_BT \tag{2.15}$$

miteinander verknüpft sind. Die Anzahl der unabhängigen Variablen eines Systems wird durch die Anzahl der Freiheitsgrade bestimmt, die von diesen physikalischen Gesetzen eingeschränkt werden. Somit ist eine Entscheidung für einige von ihnen erforderlich, um ein Ensemble zu charakterisieren. Die makroskopischen Variablen müssen jedoch so gewählt werden, dass sie den Zustand des Systems vollständig beschreiben, ohne Redundanzen zu erzeugen. Der erste Hauptsatz der Thermodynamik beschreibt die Energieerhaltung

$$dE = Q - W \tag{2.16}$$

und kann vereinfacht werden in

$$dE = TdS - pdV + \mu dN, \tag{2.17}$$

wobei für $Q = TdS$ und für $W = pdV$ eingesetzt werden. Ist außerdem die Teilchenzahl N variabel, so wird die Gleichung um den Term μdN ergänzt. Diese vereinfachte Form verknüpft makroskopische Variablen miteinander. Hierbei entspricht S der Entropie und μ dem chemischen Potential. Im Folgenden erfolgt eine detaillierte Betrachtung der Ensembles NVE, NVT und NpT [15, 31, 27].

2.6.1 NVE — Mikrokanonisches Ensemble

Das NVE-Ensemble, manchmal bekannt als das mikrokanonische Ensemble, beschreibt ein System, in dem eine konstante Anzahl N von Teilchen innerhalb eines definierten Volumens V existiert, wobei die Energie E konstant bleibt. Um eine homogene Flüssigkeit unter Verwendung der makroskopischen Variablen E und V eindeutig zu charakterisieren, wird angenommen, dass sich die Flüssigkeit im thermodynamischen Gleichgewicht befindet und keinerlei Austausch mit der Umgebung stattfindet [27].

Während der Durchführung einer MD-Simulation unter Verwendung des NVE-Ensembles kann das System bei Beginn der Simulation noch nicht im thermodynamischen Gleichgewicht sein. Um eine exakte Analyse der folgenden Trajektorie des Systems zu ermöglichen, ist es ratsam, eine Anfangssimulationsperiode von ungefähr τ, die typischerweise etwa 100 ps beträgt, einzuplanen. Diese Phase erlaubt dem System den Übergang in den Zustand des thermodynamischen Gleichgewichts [15].

2.6.2 NVT — Kanonisches Ensemble

Das NVT-Ensemble, auch als kanonisches Ensemble bekannt, kann experimentell einfacher umgesetzt werden, als das mikrokanonische Ensemble. Innerhalb eines festgelegten Volumens V bewegt sich eine feste Anzahl von Teilchen N. Energieaustausch erfolgt durch ein externes Wärmebad mit konstanter Temperatur T [15].

Der Begriff der Temperatur wurde ursprünglich für Systeme definiert, die eine Teilchenzahl in der Größenordnung der Avogadro-Zahl von $6 \cdot 10^{23}$ mol^{-1} besitzen [33]. Häufig wird die Temperatur über den Gleichverteilungssatz festgelegt, der besagt, dass jeder Freiheitsgrad eines Systems im Durchschnitt $k_B T/2$ zur Gesamtenergie beiträgt, vorausgesetzt, die Energie ist quadratisch abhängig von diesem Freiheitsgrad. Algorithmen, die während einer Molekulardynamik-Simulation zur Aufrechterhaltung konstanter Temperatur eingesetzt werden, sind als Thermostate bekannt.

Bei Simulationen im NVT-Ensemble muss das System ein thermodynamisches Gleichgewicht in sich selbst erreichen. Darüber hinaus muss es auch ein thermisches Gleichgewicht mit dem (hypothetischen) externen Wärmebad aufrechterhalten. Das kanonische Ensemble wird ausgedrückt durch [31]

$$P = \frac{e^{-\beta E(N,V)}}{Z_{NVT}}. \tag{2.18}$$

Hierbei steht E für die Energie, während β und Z_{NVT} kanonische partielle Funktionen sind, die durch

$$Z_{NVT} = \sum_i e^{-\beta E_i(N,V)} \tag{2.19}$$

definiert sind.

2.6.3 NpT — Isotherm-isobares Ensemble

In der Regel werden bei Versuchen, die sich mit großen Biomolekülen beschäftigen, Druck und Temperatur konstant gehalten, was dem sogenannten NpT-Ensemble entspricht. Sowohl der Druck als auch die Temperatur wurden ursprünglich im Rahmen makroskopischer Systeme eingeführt und können daher nicht direkt auf kleinere Systeme übertragen werden, wie auch in [15] beschrieben wird. Der Druck selbst wird durch den Virialsatz der statistischen Mechanik bestimmt:

$$\left\langle \frac{p_i^2}{2m} \right\rangle = \frac{1}{2} k_B T, \tag{2.20}$$

wie in [34] zu finden ist. Die Resultate, die man beim Einsatz des NpT-Ensembles gewinnt, können zumeist (ausgenommen die Fälle, die von Schwankungen in Energie und Volumen bedingt sind) auch durch das NVE-Ensemble reproduziert werden, sofern angemessene Werte für Energie und Volumen festgelegt werden. Für Simulationen im NpT-Ensemble ist es ebenfalls erforderlich, dass sich das System selbst im thermodynamischen Gleichgewicht befindet, nicht nur mit dem hypothetischen externen Wärmebad, sondern auch mit dem Umgebungsdruck. Der Gleichgewichtszustand im NpT-Ensemble wird dann erreicht, wenn die Gibbs-Energie

$$G(N, p, T) = E + pV - TS \tag{2.21}$$

ein Minimum erreicht.

2.7 Proteine

Proteine sind wichtige Bestandteile lebender Systeme, da sie bei nahezu allen biologischen Prozessen Funktionen übernehmen. Sie können als Katalysatoren wirken, transportieren oder speichern Moleküle oder lassen mechanische Dienste zu [1]. Im Allgemeinen bestehen Proteine aus einer Aneinanderreihung von Aminosäuren, die sich lediglich in den Seitenketten unterscheiden. Die Aminosäuren weisen unterschiedliche Eigenschaften wie zum Beispiel die Polarität auf, welche durch die Art der Seitenkette beeinflusst wird. Des Weiteren können Aminosäuren Peptidbindungen (siehe Abbildung 2.10) ausbilden, was zur Bildung von Proteinen führt. Neben Proteinen sind auch Polypeptide ähnlich aufgebaut, sie unterscheiden sich lediglich darin, dass diese keine spezifische Funktion besitzen.

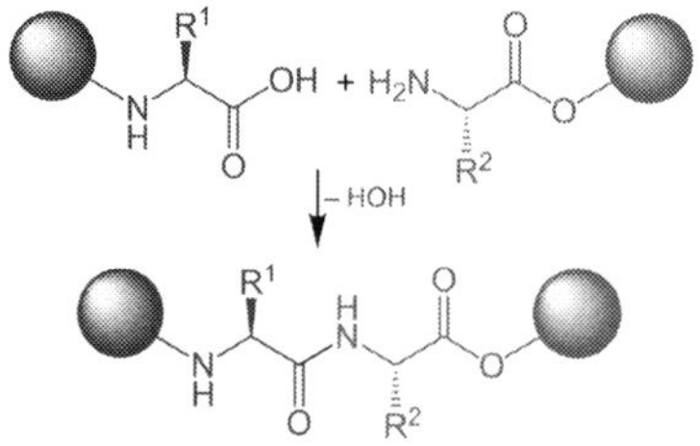

Abbildung 2.10 Darstellung der Bildung einer Peptidbindung durch zwei beliebige Aminosäuren. Abbildung entnommen aus [35]

Die räumliche Struktur der Proteine und Polypeptide kann unterteilt werden in die Primär-, Sekundär-, Tertiär- und Quartärstruktur [1], welche in Abbildung 2.11 dargestellt sind. Die Aminosäuresequenz stellt die Primärstruktur dar, welche über die Wechselwirkung einiger Aminosäuren miteinander in die Sekundärstruktur übergeht. Die Sekundärstruktur ist eine dreidimensionale Struktur, welche in α-Helices und β-Faltblätter unterteilt werden kann. Hierbei sind insbesondere Wasserstoffbrücken, aber auch Disulfidbrücken ausschlaggebend zur Bildung der

Sekundärstruktur. Die Bildung von α-Helix und β-Faltblatt ist von der Aminosäuresequenz abhängig [1]. Die sogenannte Tertiärstruktur entsteht durch die Kombination verschiedener Sekundärstrukturen und führt in der Regel dazu, dass hydrophobe Seitenketten ins Innere des Proteins verlagert werden. Dies führt insbesondere zu weniger Wechselwirkungen mit dem umliegenden wässrigen Medium. Schließen sich mehrere Substrukturen in der Tertiärstruktur zusammen, so bildet sich die Quartärstruktur. Ein Beispiel hierfür ist das Hämoglobin, welches aus zwei α-Hämoglobin und zwei β-Hämoglobin besteht [1, 36].

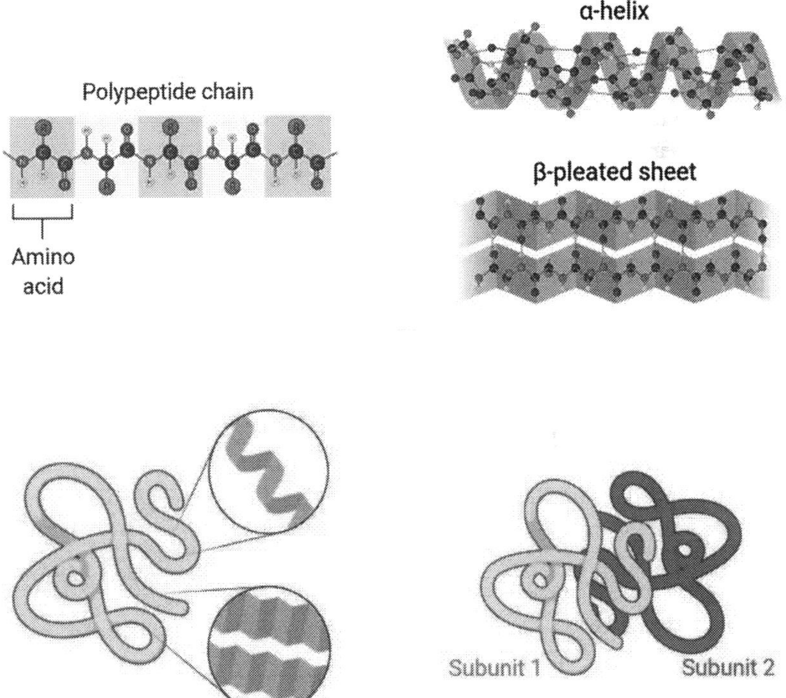

Abbildung 2.11 (a) Primär-, (b) Sekundär-, (c) Tertiär- und (d) Quartärstruktur eines Beispielproteins. Abbildung entnommen aus [36]

2.7.1 Faltung und Entfaltung von Proteinen

Die Proteinfaltung (einschließlich der von Polypeptiden) erfolgt nicht durch Trial-and-Error aller denkbaren Konformationen, sondern verläuft entlang eines durch die Struktur bestimmten Pfades. Das bedeutet, dass die Faltung von Proteinen ein kinetischer Vorgang ist. Die Konformationen, die bei normalen Umgebungsbedingungen vorliegen und einer physiologischen Funktion nachgehen können, werden als nativer Zustand bezeichnet [37]. Des Weiteren können im nativen Zustand im Gegensatz zu entfalteten Zuständen biologische und chemische Prozesse vollzogen werden.

Die Faltung von Proteinen ist ein komplexer Prozess, dessen vollständiges Verständnis noch aussteht. Die Mechanismen, durch die eine lange Folge von Aminosäuren sich zu einer einzigartigen dreidimensionalen Struktur mit spezifischer Funktionalität entfaltet, gelten als ein anspruchsvolles und faszinierendes Rätsel für die wissenschaftliche Forschung. Die Proteinfaltung stellt ein interdisziplinäres Forschungsgebiet dar, bestehend aus den Bereichen Biologie, Chemie, Physik und Informatik und trägt daher zum Verständnis der grundlegenden Prinzipien des Lebens bei.

Die Proteinstrukturierung ist von erheblicher Bedeutung, da Fehlfaltungen zu verschiedenen Erkrankungen führen können, darunter Alzheimer und die Creutzfeldt-Jakob-Krankheit [1, 38]. Jedoch können nicht nur Faltungsfehler zu Problemen führen, da auch Umwelteinflüsse, wie die Änderung des pH-Wertes (durch Zugabe von chemischen Denaturanten), die Änderung der Temperatur oder des Drucks zur Änderung der Struktur führen können. Dieser Vorgang wird Entfaltung oder, im Fall der Irreversibilität, Denaturierung, genannt. Im Wesentlichen strebt man an, Erkenntnisse über den Faltungsprozess zu gewinnen. Dieser kann jedoch aktuell nicht direkt beobachtet werden, da nicht bekannt ist, wie dieser induziert wird. Daher wird der Ansatz der Entfaltung gewählt, da angenommen wird, dass dieser Prozess der Faltung gleichwertig ist. Wie schon vorher beschrieben, kann dieser Vorgang sowohl experimentalphysikalisch als auch theoretisch in MD-Simulationen durch Erhöhen der Temperatur oder des Drucks (oder durch Zugabe eines Denaturanten) induziert werden. Bei der Entfaltung (Abbildung 2.12) brechen die in Abschnitt 2.7 beschriebenen Wasserstoff- oder Disulfidbrücken auf. Dadurch verliert das Protein seine Struktur, welche ausschlaggebend für die Funktion ist [1].

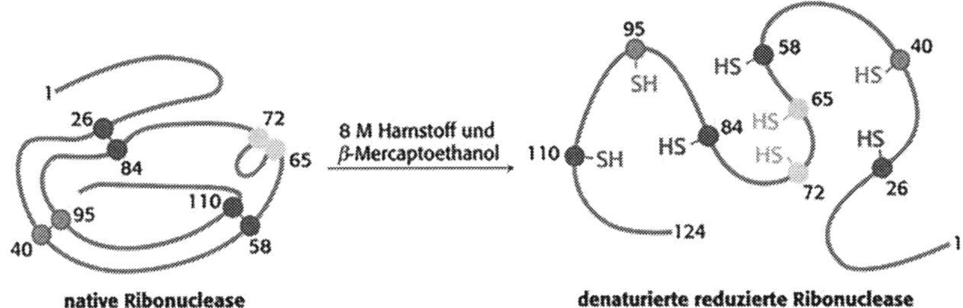

Abbildung 2.12 Entfaltung eines Proteins, nach Zugabe von Harnstoff und Mercaptoethanol, durch Auflösen der Disulfidbrücken an den farbig markierten Stellen. Abbildung entnommen aus [1]

2.7.2 Energielandschaften

Ein Energielandschaftsmodell stellt ein wertvolles Instrument dar, um die Energieschwankungen eines Systems als Funktion seiner Konfigurationszustände abzubilden. Dieses Modell ist essenziell, um Einsichten in Vorgänge wie chemische Reaktionen, physikalische Umwandlungen oder biologische Faltungsvorgänge zu erhalten.

Damit ein Protein von einem gefalteten Zustand in einen ungefalteten Zustand übergeht (oder auch andersherum), muss ein energetisch höherer Übergangszustand überwunden werden. Dafür muss dem Protein Energie in Form einer Aktivierungsenergie zugeführt werden. Übergänge zwischen Faltungszuständen lassen sich auf sogenannten Potentialhyperflächen beobachten. Sie stellen die potenzielle Energie eines quantenmechanischen Systems von Atomen in Abhängigkeit von der Geometrie dar und werden auch als Energielandschaften bezeichnet (Abbildung 2.13).

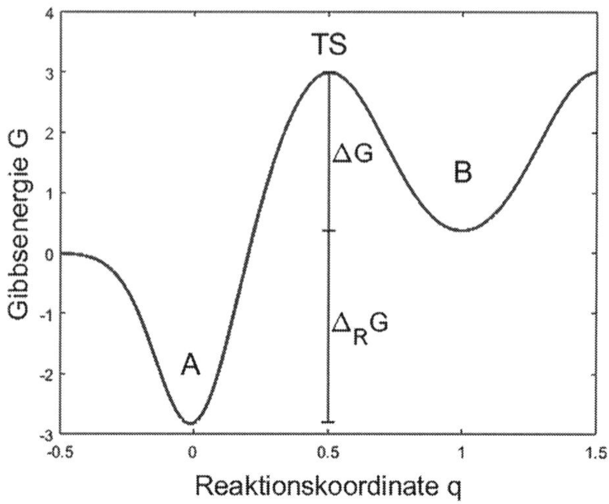

Abbildung 2.13 Die Energielandschaft zeigt einen Übergangszustand *TS*, wobei die Aktivierungsenergie ΔG hier nur für den Zustand B angezeigt ist, zusammen mit der Reaktionsenergie $\Delta_R G$. Der Faltungsprozess verläuft vom nativen Zustand *A* zum entfalteten Zustand *B*. Dabei sind die Reaktionskoordinate q und die Gibbs-Energie G erfasst. Abbildung nachempfunden von [39]

Die Häufigkeit, wie oft ein Molekül den Übergangszustand erreicht oder überwindet, kann durch die Arrhenius-Gleichung

$$k = A \cdot \exp\left(-\frac{\Delta G}{k_B T}\right) \tag{2.22}$$

berechnet werden [40]. Dabei ist die Rate k für die Häufigkeit bzw. Geschwindigkeit ausschlaggebend, da sie sich abhängig von der Gibbschen Energie ausdrücken lässt [41]. Für die gerade gezeigte Gleichung ist A ein Frequenzfaktor [42] und k_B die Boltzmann-Konstante. Des Weiteren gelten

$$\Delta G = \Delta H - T\Delta S \tag{2.23}$$

und

$$\Delta H = \Delta U + p\Delta V \tag{2.24}$$

mit U der inneren Energie und H der Enthalpie. Die Änderung der Gibbsschen Energie hängt sowohl von der Temperatur als auch vom Druck ab, wie in

$$\Delta G = \Delta U + p\Delta V - T\Delta S \tag{2.25}$$

zu sehen ist. Im Allgemeinen charakterisiert die Gibbs-Energie die energetische Differenz zwischen den Reaktanten und den Reaktionsprodukten, was die treibende Kraft der Reaktion erläutert. Im Gegensatz dazu repräsentiert die Aktivierungsenergie den Energieunterschied zwischen den Reaktanten und dem Übergangszustand, was die Geschwindigkeit der Reaktion beeinflusst.

Da die Aktivierungsenergie temperaturabhängig ist, dauern MD-Simulationen bei konstanter Raumtemperatur (ca. 300 K) sehr lange. Nach Gleichung 2.22 würde bei klein gewähltem T die Geschwindigkeitskonstante k kleiner werden. Um dem entgegenzuwirken, werden diese Simulationen bei höheren Temperaturen durchgeführt. Da in wässriger Umgebung simuliert wird (siehe Abschnitt 2.5), muss betrachtet werden, dass das Wasser die Phaseneigenschaft (von flüssig zu gasförmig) verändert. Um das zu verhindern, wird gleichzeitig der Druck erhöht, sodass der Phasenübergang nicht stattfindet (siehe Abbildung 2.14).

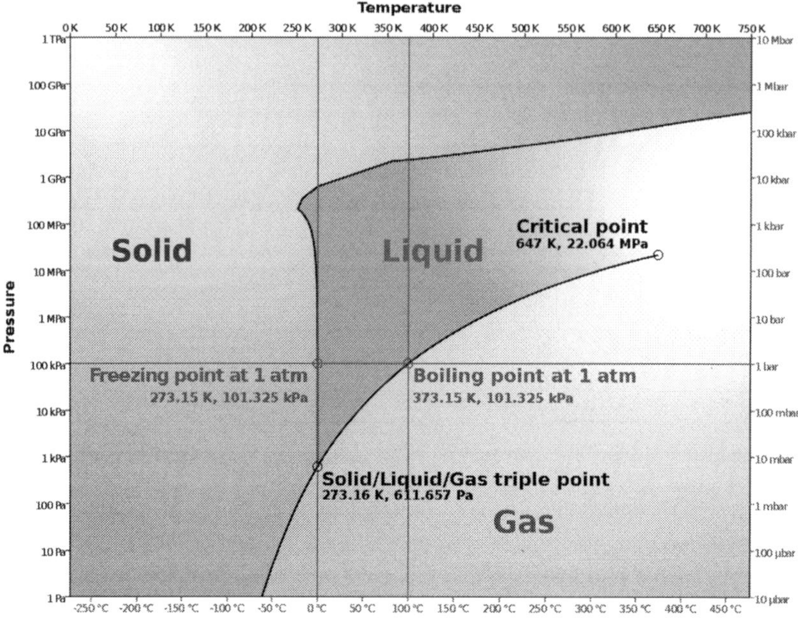

Abbildung 2.14 Phasendiagramm von Wasser. Eine Erhöhung der Temperatur bei konstantem Druck führt zu einem Phasenübergang vom flüssigen in den gasförmigen Zustand. Wenn MD-Simulationen bei höherem Druck, z. B. 4 kbar, durchgeführt werden, bleibt das Wasser im flüssigen Zustand. Jene Drücke überschreiten den kritischen Punkt, an dem ein Phasenwechsel zwischen flüssigen und gasförmigen Zuständen nicht erfolgt, weil beide Zustände dieselbe Dichte aufweisen. Abbildung entnommen aus [43]

2.8 Reaktionskoordinaten

Der Prozess der Entfaltung eines Proteins aus seinem gefalteten *Nativzustand* kann mit Hilfe sogenannter *Reaktionskoordinaten* beschrieben werden [6].

Eine Reaktionskoordinate ist eine eindimensionale Koordinate, die den Fortschritt einer Reaktion entlang einer Trajektorie (Reaktionsweg) auf der Potentialhyperfläche der an der Reaktion beteiligten Atome beschreibt [44]. Die Richtung und der Verlauf der Trajektorie werden durch einen Energiegradienten auf der Potentialhyperfläche bestimmt [45].

Die Grundidee hinter diesen Reaktionskoordinaten ist die Folgende: Die meisten Details der atomaren Bewegung im Protein sind für den Faltungsprozess [46] nicht relevant. Daher sollte es möglich sein, die Komplexität einer Beschreibung dieses Prozesses für alle Atome auf ein oder zwei Freiheitsgrade zu reduzieren, die als Reaktionskoordinaten bezeichnet werden, ohne viel an Genauigkeit zu verlieren. Die Reaktionskoordinate kann in allgemeiner Form angegeben werden oder wie im Rahmen dieser Arbeit explizite Werte annehmen. Kandidaten für solche Koordinaten sind:

1. Der mittlere quadratische Abstand (RMSD) zwischen gleichwertigen Atomen in verschiedenen Konformationen des Proteins
2. Der Durchschnittswert der Wasserstoffbrückenabstände die zur Stabilisierung des nativen Zustands von Proteinen beitragen
3. Der Abstand zwischen dem ersten und dem letzten Atom der Polypeptidkette
4. Der Gyrationsradius
5. Das SASA
6. Die Winkeldifferenz
7. Anzahl der Atome oder Residuen, die einen festgelegten Abstand voneinander haben
8. Der Diederwinkel
9. etc.

Hierbei steht der Wasserstoffbrückenabstand stellvertretend für klassische MD-Simulationen, da diese Reaktionskoordinate häufig in diesem Themengebiet zur Beschreibung von Proteinfaltung verwendet wird. Der Abstand zwischen dem initialen und dem terminalen Atom in einer Polypeptidkette repräsentiert typischerweise Experimente, die auf Distanzmessungen abzielen, wie beispielsweise FRET-Experimente [47]. Die Reaktionskoordinaten SASA und der Gyrationsradius sind Beobachtungen, die sich auf die Volumenausdehnung der betrachteten Struktur beziehen. Der Gyrationsradius beschreibt die räumliche Ausdehnung der untersuchten Struktur und wird häufig mit anderen Reaktionskoordinaten zusammen genutzt [48]. Die Betrachtung des Diederwinkels ermöglicht eine Untersuchung der Rotationsbarrieren und Stabilität von Biomolekülen [49]. Die Anzahl der Atome, die einen festgelegten Abstand voneinander haben, kann Aufschluss darüber geben, wie die Dichte oder Organisation einer Molekülstruktur ist. Die Winkeldifferenz kann genutzt werden, um zu beschreiben, wie isomerisierende Übergänge ablaufen [50].

Die für diese Arbeit relevanten Reaktionskoordinaten werden im nächsten Kapitel genauer beschrieben.

Material und Methoden 3

In diesem Kapitel werden alle verwendeten Materialien, sowie die genutzten Methoden näher erläutert. Hierbei wird zunächst auf die verwendeten Programme eingegangen, anschießend werden die verwendeten Polypeptide vorgestellt, um mit den Simulationsparametern abzuschließen.

3.1 Software

Es folgen alle verwendeten Softwares, die im Rahmen dieser Arbeit verwendet werden.

3.1.1 GROMACS

GROMACS (**Gro**ningen **Ma**chine for **C**hemical **S**imulations) ist ein Softwarepaket für Simulationen und Auswertungen molekulardynamischer Prozesse, das an der Universität Groningen entwickelt wurde [4]. Das Programm ermöglicht MD-Simulationen und Energieminimierungen von Biomolekülen [51]. In dieser Arbeit werden die Versionen 2019.4, 2022.4 sowie 2024.1 von GROMACS genutzt.

Ergänzende Information Die elektronische Version dieses Kapitels enthält Zusatzmaterial, auf das über folgenden Link zugegriffen werden kann https://doi.org/10.1007/978-3-658-49140-6_3.

Y. Kasprzak, *Vergleich verschiedener Reaktionskoordinaten in MD-Simulationen anhand der Polypeptide Ala9, YQNPDGSQA und 1enh*, BestMasters,
https://doi.org/10.1007/978-3-658-49140-6_3

3.1.2 PyMol

Das Programm PyMOL wird im Rahmen dieser Arbeit zum Visualisieren von 3D-Darstellungen von Biomolekülen verwendet. Die verwendete Version ist 1.5.0.3 und basiert auf der Programmiersprache Python in der Version 2.7 [52].

3.1.3 Microsoft Excel

Zum Auswerten der Daten und Berechnen der freien Gibbs-Energie wird zum Teil das Programm Microsoft Excel in der Version 2308 verwendet (siehe elektronisches Zusatzmaterial B.1). Dieses Programm wird jedoch im späteren Verlauf dieser Arbeit durch ein eigen geschriebenes Programm ersetzt (siehe elektronisches Zusatzmaterial A.6).

3.1.4 MATLAB

Für die Erstellung einiger Graphen wird das Programm MATLAB in der Version R2024b Update 2 von MathWorks verwendet.

3.1.5 CapCut

Zum Erstellen des Entfaltungsvideos wird als Videoschnittsoftware das Programm CapCut verwendet.

3.2 Polypeptide und Protein

Die in dieser Arbeit verwendeten Polypeptide sind Ala_9 und YQNPDGSQA, hinzu kommt als verwendetes Protein das 1enh. Hierbei sollen die Polypeptide als einfachste Strukturen verstanden werden, die in ihrer nativen Struktur eine Sekundärstruktur aufweisen. Das 1enh soll dann als Beispielstruktur für größere Strukturen herhalten.

3.2.1 Stellvertretend für α-Helices – Ala_9

Im Rahmen dieser Arbeit wird die Entfaltung von Ala_9 (siehe Abbildung 3.1) ausgewertet. Dieses besteht aus neun aufeinander folgenden Alaninen, die eine linksdrehende α-Helix bilden und stellt eines der einfachsten Polypeptide dar [12]. Die Struktur wurde in einer vorhergehenden Arbeit mit der Avogadro-Software erstellt [53].

Die Berechnung des mittleren Wasserstoffbrückenbindungsabstands benötigt die bewusste Auswahl von drei Wasserstoffbrückenbindungen im nativen Ala_9-Peptid, die in einer früheren Arbeit bestimmt wurden [53]. Die Donor- und Akzeptoratome (nummeriert wie in der Strukturdatei, die mit der Avogadro-Software erstellt wurde), die an den drei Wasserstoffbrückenbindungen beteiligt sind, sind in Tabelle 3.1 angegeben und in Abbildung 3.2 dargestellt. Neben der in dieser Arbeit angenommenen linksdrehenden Helix kann das Ala_9-Peptid auch eine rechtsdrehende Helix bilden. In diesem Fall müssen für die Wasserstoffbrücken andere Atome gewählt werden, welche im zweiten Teil von Tabelle 3.1 dargestellt sind.

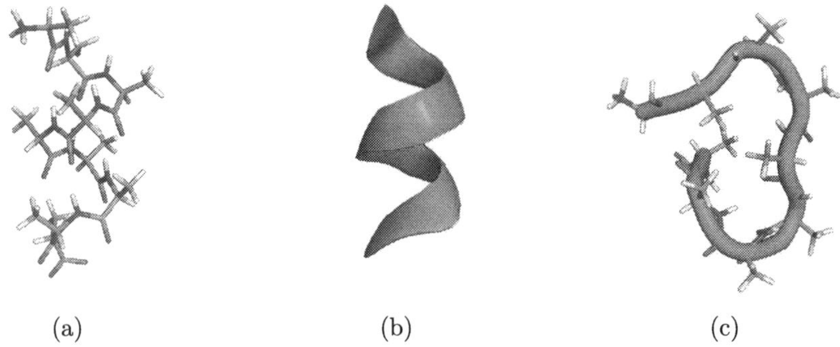

Abbildung 3.1 Struktur von Ala_9 in (a) Stickdarstellung, (b) in Cartoondarstellung, um die Helix zu erkennen und (c) ein möglicher Entfaltungszustand

Tabelle 3.1 Anzahl der Donor- und Akzeptoratome der nativen Wasserstoffbrückenbindungen für eine linkshändige α-Helix des Ala_9-Peptids (oben) und für eine rechtshändige α-Helix (unten) [53]

Atomnummer des Donators	Atomnummer des Akzeptors
13	62
23	72
33	82
22	63
32	73
42	83

3.2.2 Stellvertretend für β-Faltblätter – YQNPDGSQA

Eine weitere Struktur, die im Rahmen dieser Arbeit betrachtet wird, ist das Polypeptid YQNPDGSQA (siehe Abbildung 3.4), welches aus ebenfalls neun Aminosäuren besteht. Anders als beim Ala_9 wird hier jedoch im nativen Zustand ein antiparalleles zweisträngiges β-Faltblatt, welches durch eine 3:5 β-Schleife verbunden ist, gebildet [13, 54]. Hierbei gibt 3:5 an, wie viele Aminosäuren jeweils die einzelnen β-Stränge bilden (siehe Abbildung 3.3). Die beiden β-Stränge sind hier durch drei Wasserstoffbrücken stabilisiert. Die dabei entscheidenden Donor- und Akzeptoratome sind in Tabelle 3.2 aufgeführt.

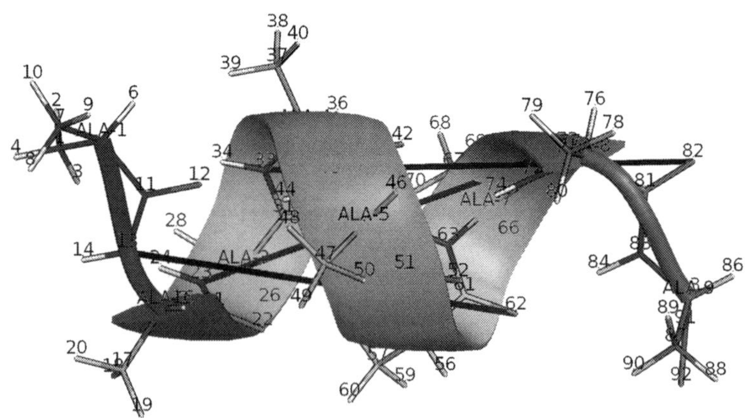

Abbildung 3.2 Linkshändiges Ala_9-Peptid mit den drei nativen Wasserstoffbrücken (schwarz) [53]

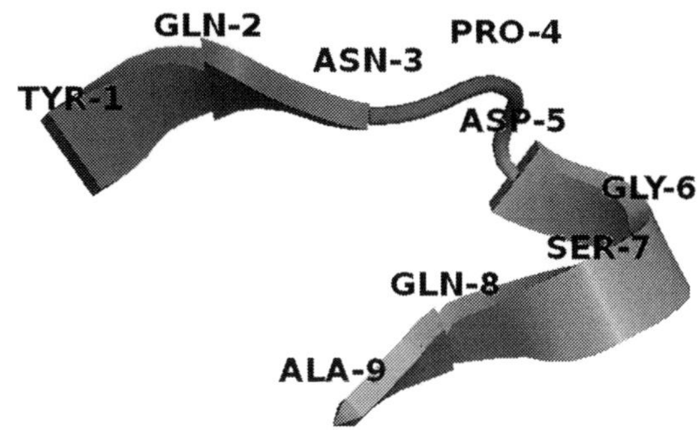

Abbildung 3.3 Erläuterung des 3:5 *β*-Hairpins anhand der Beispielstruktur YQNPDGSQA. In rot (links) sind die Aminosäuren YQN und in grün (rechts) die Aminosäuren DGSQA dargestellt

3.2.3 Größere Struktur - 1enh

Die dreidimensionale Anordnung des Proteins 1enh, welches in Abbildung 3.5 illustriert wird, umfasst 54 Aminosäuren und ist in der Proteindatenbank ausführlich beschrieben worden [14]. Diese Proteinstruktur stellt die Homöodomäne aus *Drosophila melanogaster* dar, die ein äußerst bedeutsames Gen der Segmentpolaritätsklasse repräsentiert. Die detaillierte Aufschlüsselung dieser Struktur gewährt eine hochpräzise Einsicht in eine entscheidende Klasse von Proteinen, die spezifisch an DNA binden. Darüber hinaus erleichtert sie den Vergleich der dreidimensionalen Konfiguration dieses Proteins, sowohl im isolierten Zustand als auch in dessen interaktivem Zustand gebunden an DNA.

Tabelle 3.2 Akzeptoratomnummer und Donoratomnummer der drei stabilisierenden Wasserstoffbrücken im Polypeptid YQNPDGSQA

Akzeptoratomnr.	Donoratomnr.
23	116
98	42
40	81

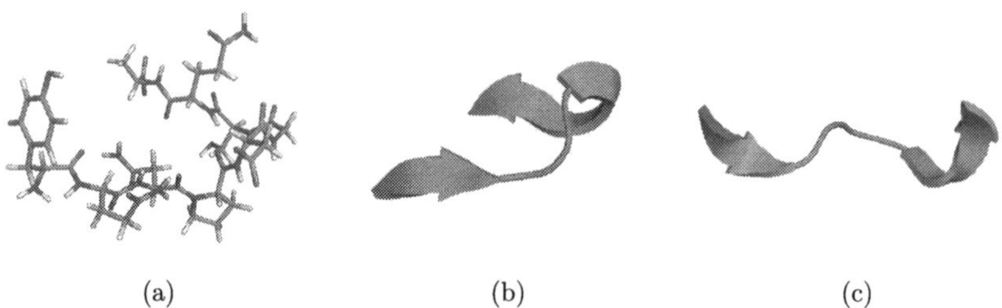

(a) (b) (c)

Abbildung 3.4 Struktur von YQNPDGSQA in (a) Stickdarstellung, (b) in Cartoondarstellung, um die β-Faltblätter zu erkennen und (c) ein möglicher Entfaltungszustand

Das Protein 1enh wird durch seine kompakte Größe charakterisiert, was es besonders für MD-Simulationen geeignet macht. Die Simulation kleinerer Proteine erfordert weniger Rechenleistung und ermöglicht damit längere Simulationszeiträume, wodurch eine feinere Untersuchung der dynamischen Prozesse realisierbar wird. Darüber hinaus verfügt das Protein über eine markante Helix-Turn-Helix-Motivstruktur (HTH-Motiv), die häufig in Proteinen zu finden ist, die an DNA binden. In dieser speziellen Konstellation liegt ein HTH-Motiv vor, das durch eine Struktur aus drei α-Helices charakterisiert ist. Diese Helices sind miteinander durch eine kurze, flexible Sequenz von Aminosäuren verknüpft, die als „Turn" bezeichnet wird und eine entscheidende Rolle für die Beweglichkeit und Funktionalität des Motivs spielt. In Tabelle 3.3 sind die Atomnummern dargestellt, die als Akzeptoren und Donoren der Wasserstoffbrücken fungieren, durch welche das 1enh in seiner nativen Struktur stabilisiert wird.

Tabelle 3.3 Akzeptoratomnummer und Donoratomnummer der stabilisierenden Wasserstoffbrücken im Protein 1enh

Akzeptoratomnr.	Donoratomnr.	Akzeptoratomnr.	Donoratomnr.
87	844	519	684
65	709	524	451
109	157	536	595
116	146	541	475
158	632	558	499
163	119	577	523
182	130	584	658
192	145	588	540
205	293	595	540
208	610	599	557
211	293	614	576
211	611	688	667
216	162	698	672
235	181	710	40
257	191	734	687
281	215	756	697
296	234	775	714
316	256	799	733
330	280	819	755
345	295	836	774
383	353	850	798
429	292	872	818
429	295	888	382
495	358	896	835
513	684		

Dieses kleine Protein ist aus mehreren Gründen interessant für MD-Simulationen. Zunächst ist es ein beliebtes Modellprotein, da es mit seinen 54 Aminosäuren sehr kompakt und daher rechnerisch effizient für Simulationen ist. Des Weiteren ist die in der PDB-Datenbank vorliegende Struktur hochaufgelöst und somit ideal für theoretische Studien. Zu guter Letzt liegt auch eine biologische Relevanz vor, da es an der Regulation der Transkription beteiligt ist, was es

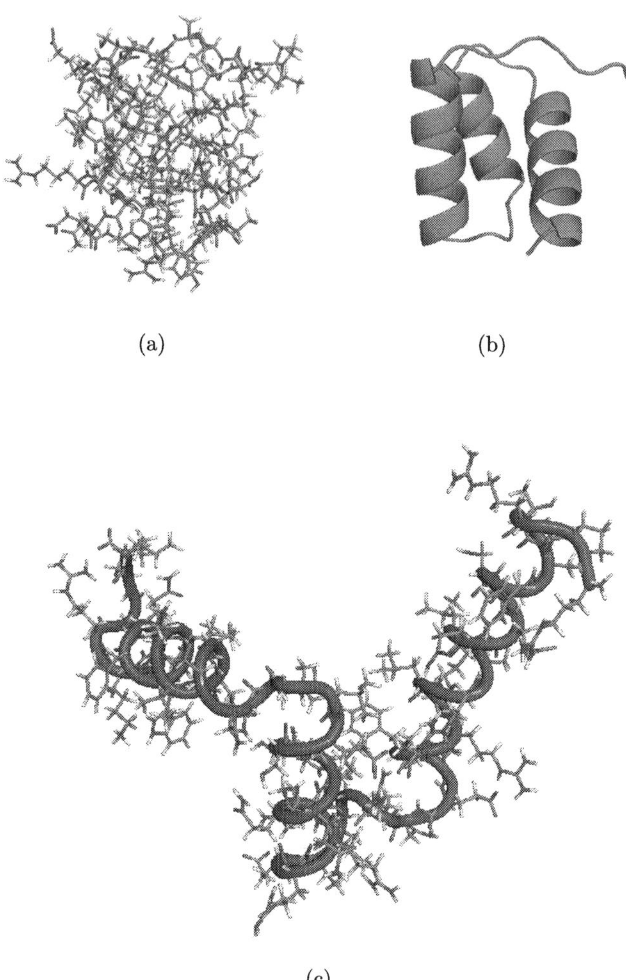

Abbildung 3.5 Struktur von 1enh in (a) Stickdarstellung, (b) in Cartoondarstellung um die Sekundärstruktur zu erkennen und (c) eine möglicher Entfaltungszustand

interessant für Forschungsarbeiten zu Genregulation und Entwicklung macht [55, 56].

3.3 Simulationsparameter

Die wichtigsten Parameter für die Simulationen sind in Tabelle 3.4 dargestellt. Zusätzlich werden die Parameter für das Kraftfeld, die Simulationsbox und das Wassermodell gesondert in den folgenden Unterkapiteln beschrieben.

Tabelle 3.4 Auflistung der wichtigsten Simulationsparamter und deren Erläuterung

Parameter	Wert	Erläuterung
constraints	hbonds	X-H-Bindungen oder alle Bindungen werden als Konstanten beschrieben
lincs		Konstanten aus den Constraints werden durch den LINCS-Algorithmus beschrieben
integrator	md	Algorithmus, um die Dynamiken der Moleküle zu berechnen, wobei mit dem Ausdruck md der Leapfrog-Algorithmus ausgewählt wird
dt	0.001	Zeitschritt zwischen den berechneten Position des Moleküls in ps
tinit	0.0	Startzeit der Simulation
nsteps	10000000	Anzahl der Integrationsschritte (hier 10000 ps)
coulombtype	PME	Berechnung der nicht-bindenden Interaktionen Verwendung (hier: Particle Mesh Ewald Methode)
rvdw	1.0	Cut-off-Abstand für Coulombwechselwirkungen in nm
cutoff-scheme	Verlet	Der Verlet-Algorithmus wird zur Berechnung der Cut-offs verwendet
ref_p	1	Während der Simulation vorgegebener Druck in bar
ref_t	300	Während der Simulation vorgegebene Temperatur in K

(Fortsetzung)

Tabelle 3.4 (Fortsetzung)

Parameter	Wert	Erläuterung
nstvout	10000	Häufigkeit, mit welcher die Geschwindigkeiten ind die Output-Trajektorie geschrieben werden
nstxtcout	10000	Häufigkeit, mit der die Koordinaten in die Trajektorie geschrieben werden
Tcoupl	v-rescale	Temperaturkopplung unter Verwendung der Neuskalierung von Geschwindigkeiten mit einem stochastischen Term
Pcoupl	Parrinello-Rahman	Erweiterte Druckkopplung, bei der die Box-Vektoren einer Bewegungsgleichung unterliegen

3.3.1 Kraftfeld

Das hier verwendete Kraftfeld ist das CHARMM27 (**C**hemistry at **Har**vard **M**acromolecular **M**echanics), welches hauptsächlich für Proteine und Lipide verwendet wird.

3.3.2 Simulationsbox

Bei den in dieser Arbeit genutzten Simulationsboxen handelt es sich für alle drei Peptide um eine kubische Box mit periodischen Randbedingungen. Die Größe der Box ist aufgrund der unterschiedlichen Größe der Peptide für jede Struktur individuell gewählt, damit einerseits das Molekül vollständig in die Box passt, andererseits aber nicht zu groß ist um die Rechenzeit zu minimieren. Die Größen der Boxen sind in Tabelle 3.5 dargestellt.

Tabelle 3.5 Unterschiedliche Größen der Simulationsboxen für die Peptide Ala_9, YQNPDGSQA und 1enh

Peptid	Kantenlänge der Box in nm
Ala_9	5
YQNPDGSQA	3 (später auf 5 erhöht)
1enh	7

3.3.3 Wassermodell

Da sich das Molekül in wässriger Umgebung befindet, muss ein geeignetes Wassermodell gewählt werden. In diesem Fall handelt es sich um das TIP3P-Modell (siehe Abbildung 3.6), welches in CHARMM integriert ist. Dieses spezifiziert ein starres Wassermolekül mit drei Stellen, wobei jedem der drei Atome Ladungen und Lennard-Jones-Parameter zugeordnet sind [57].

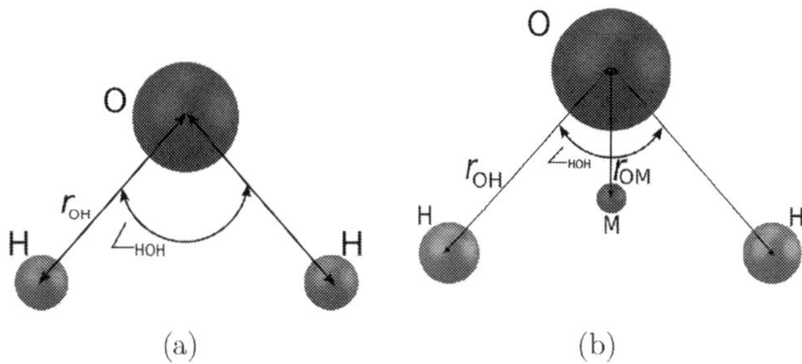

Abbildung 3.6 Darstellung vom (a) TIP3P und (b) TIP4P Wassermodells. Abbildung (b) entnommen aus [58] und Abbildung (a) nachempfunden von [58]

Das im CHARMM-Kraftfeld implementierte TIP3P-Modell ist eine leicht modifizierte Version des originalen TIP3P-Modells. Der Unterschied liegt in den Lennard-Jones-Parametern: Im Gegensatz zu TIP3P werden in der CHARMM-Version des Modells zusätzlich zu den Sauerstoffatomen auch die Wasserstoffatome mit Lennard-Jones-Parametern versehen, hierbei werden die Ladungen jedoch nicht verändert. Ein weiteres Modell wäre das TIP4P-Modell, welches um ein Atom erweitert ist. TIP4P wurde vorgeschlagen, um auch die Verdampfungsenthalpie und die Flüssigkeitsdichte von flüssigem Wasser bei Raumtemperatur zu berücksichtigen [59]. Neben den hier genannten Wassermodellen gibt es noch viele weitere.

3.4 Untersuchte Reaktionskoordinaten

In den folgenden Kapiteln werden die in dieser Arbeit untersuchten Reaktionskoordinaten näher beschrieben.

3.4.1 Root mean square deviation - RMSD

Die Wurzel der mittleren Abweichungsquadrate (aus dem Englischen ***r**oot **m**ean **s**quare **d**eviation*; RMSD) ist ein statistisches Maß für die Ähnlichkeit einer gemessenen Größe zu einer Referenzgröße. Bezogen auf den Sachverhalt dieser Arbeit wird hiermit die Entfaltung des Polypeptids mit der nativen Form verglichen (siehe Abbildung 3.7). In diesem Prozess werden die beiden Strukturen übereinandergelegt und so ausgerichtet, dass sie maximal überlappen, wobei der Abstand der äquivalenten Atome an den Positionen x_i und y_i für sämtliche N Atome gemäß

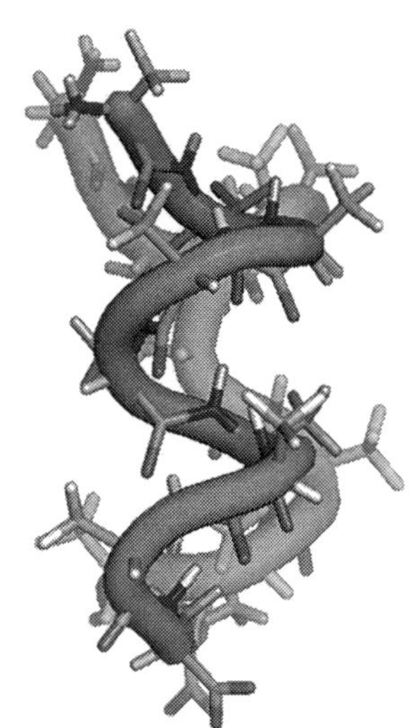

Abbildung 3.7
Dargestellt ist beispielhaft das Ala_9-Peptid in seiner nativen Struktur und in leicht transparenter Form die simulierte entfaltete Struktur. Diese beiden werden überlagert und dann miteinander verglichen, indem die äquivalenten Positionen der Atome miteinander verglichen werden

$$RMSD = \sqrt{\frac{1}{N}\sum_{i=1}^{N}(x_i - y_i)^2} \tag{3.1}$$

bestimmt wird. Somit gilt, je höher der berechnete Wert ist, desto stärker weichen die verglichenen Strukturen voneinander ab. Bei Deckungsgleichheit wird ein Wert von Null angenommen [11]. Diese Methode kann bei MD-Simulationen dazu beitragen, die unterschiedlichen Faltungskonfigurationen des Proteins festzustellen.

3.4.2 Ende-zu-Ende-Abstand – d_{e2e}

Ein typisches Beispiel ist die Ende-zu-Ende-Distanz eines Proteins, bei der der Abstand zwischen den Terminalatomen im Protein als Reaktionskoordinate fungiert (Abbildung 3.8). Diese Reaktionskoordinate gibt Informationen darüber, in welchem Ausmaß das Polypeptid aus seinem nativen Zustand entfaltet ist. Der Vorteil einer derartigen Reaktionskoordinate liegt darin, dass die aus molekulardynamischen Simulationen gewonnenen Messwerte unmittelbar mit Resultaten aus NMR- oder FRET-Experimenten korreliert werden können [7]. Zudem kann der Ende-zu-Ende-Abstand bei der Untersuchung von Proteinen, die mechanischen Kräften ausgesetzt sind, etwa unter Anwendung von Rasterkraftmikroskopen oder optischen Pinzetten, als nützlich erachtet werden [60].

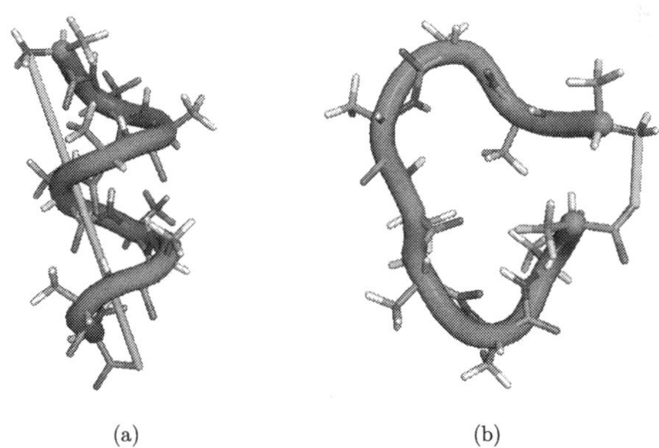

(a) (b)

Abbildung 3.8 Ende-zu-Ende-Abstand vom Ala_9 Peptid (a) im nativen Zustand und (b) in einer möglichen entfalteten Konfiguration. Die Linie entspricht dem Ende-zu-Ende-Abstand

Diese Reaktionskoordinate ist zwar intuitiv zu verstehen, hat allerdings auch ihre Schwäche. Da der Abstand vom einen Ende des Peptids zum anderen Ende gemessen wird, kann es vorkommen, dass der Abstand eines entfalteten Zustands zufällig dem Abstand des nativen Zustands entspricht.

3.4.3 Abstand der Wasserstoffbrücken – d_H

In der Stabilität von Proteinen nehmen Wasserstoffbrücken eine entscheidende Funktion ein [10, 61]. Die Identifikation sämtlicher Wasserstoffbrückenbindungen erfolgt anhand spezifischer Kriterien. Dabei muss der Abstand zwischen Donor- und Akzeptoratom (dabei handelt es sich um N- oder O-Atome) weniger als 4,0 Å betragen und der Winkel zwischen Donor-H und Akzeptor muss mehr als 140° erreichen [62]. Solche Wasserstoffbrücken werden als native Wasserstoffbrücken klassifiziert (siehe Abbildung 3.9), sofern sie in der nativen Struktur vorhanden sind.

Die zeitlichen Verläufe der Reaktionskoordinaten RMSD und des Ende-zu-Ende-Abstands lassen sich durch den Einsatz des GROMACS-Programmpakets automatisiert aus den simulierten Trajektorien ableiten. Voraussetzung hierfür ist die vorherige Definition der Wasserstoffbrücken (siehe Tabelle 3.1 und Tabelle 3.2), welche die native Konformation stabilisieren.

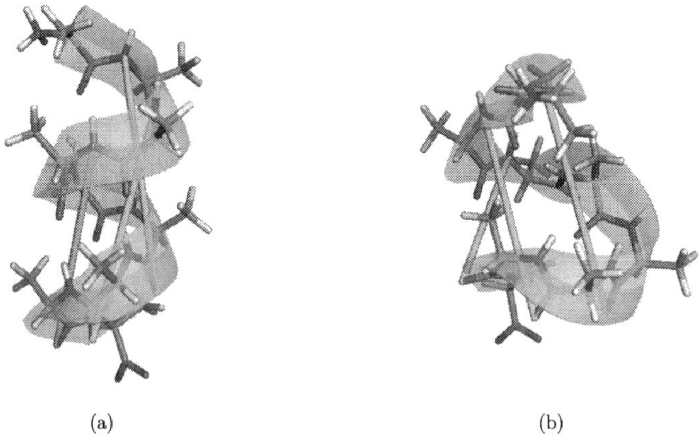

(a) (b)

Abbildung 3.9 Struktur vom linkshändigen Ala_9 [53] in (a) der nativen Konfiguration und (b) in einem möglichen entfalteten Zustand. Als Linien sind die stabilisierenden Wasserstoffbrückenbindungen dargestellt

3.4.4 Gyratiosradius - R$_G$

Eine zusätzliche Reaktionskoordinate, die in diesem Kontext untersucht wird, ist der Gyrationsradius R_G. Dieser Parameter beschreibt die räumliche Ausdehnung eines Partikels in Abhängigkeit von seiner Gesamtmasse m sowie den Ortsvektoren r der jeweils beteiligten Atome, wie in der Studie von [9] dargelegt. Mathematisch gesehen ist der Gyrationsradius definiert als die Wurzel des mittleren quadratischen Abstands aller Masseelemente vom Massenschwerpunkt eines Systems. Vereinfacht gesagt, ist es eine Art „durchschnittlicher Abstand" der Masseelemente vom Zentrum. Die Berechnung folgt der Gleichung

$$R_G = \sqrt{\frac{\sum_i r_i^2 m_i}{\sum_i m_i}} [63]. \tag{3.2}$$

Der Gyrationsradius beschreibt den sphärischen Umriss eines Moleküls, dessen genaue Struktur aufgrund von Unschärfe nur verschwommen wahrnehmbar ist, siehe Abbildung Abbildung 3.10. Der Verlauf der freien Energie in Abhängigkeit vom Gyrationsradius wird maßgeblich durch die umgebenden Bedingungen, vor allem aber durch die Temperatur beeinflusst, wie in den Arbeiten von [9, 64] ausgeführt wird.

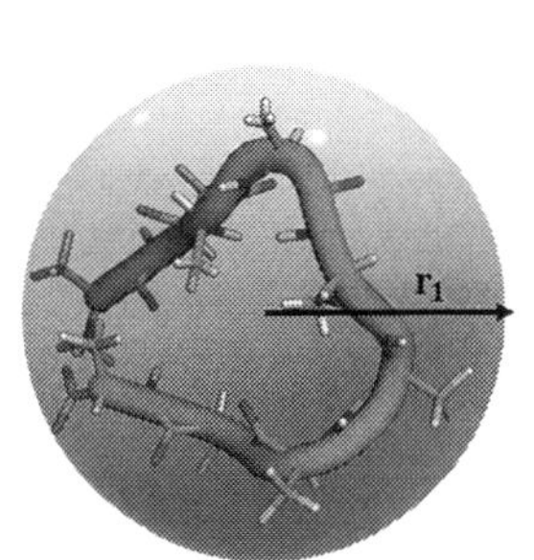

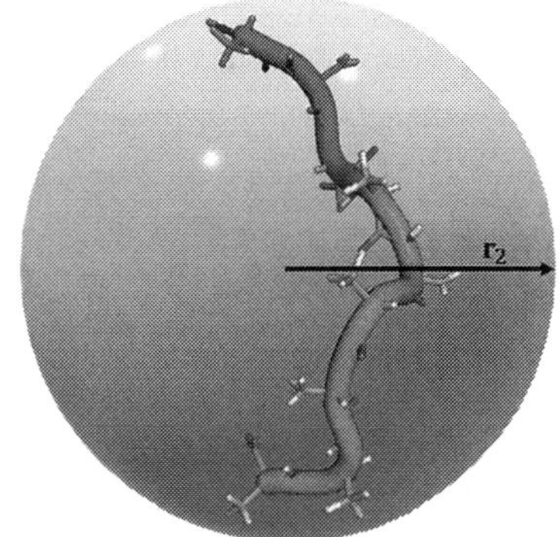

Abbildung 3.10 Auf der linke Seite ist eine Beispielstruktur dargestellt, die einer nativen Struktur entsprechen soll. Auf der rechten Seite ist eine mögliche entfaltete Struktur dargestellt. Um beide Strukturen wird eine Kugel konstruiert, deren Radien in diesem Beispiel unterschiedlich sind ($r_1 \neq r_2$)

3.4.5 Solvent accessible surface area - SASA

Die für Lösungsmittel zugängliche Fläche (**a**ccessible **s**urface **a**rea (ASA)) wurde ursprünglich von Lee und Richards als die Fläche definiert und berechnet, die vom Zentrum einer Sondenkugel, die ein Lösungsmittelmolekül darstellt, über die Oberfläche des zu beobachtenden Moleküls gerollt wird [8]. Diese Berechnungsmethoden wurden als Hilfsmittel zur Lösung des Problems der Proteinfaltung eingesetzt [65].

Die einfache Messung einer Flächengröße reicht für die Untersuchung vieler Aspekte der Funktion von Proteinen und Nukleinsäuren nicht aus, z. B. der Substratbindung und Katalyse, der Wechselwirkung zwischen Medikamenten und Nukleinsäuren und der Erkennung durch das Immunsystem. Es wird eine Methode zur Visualisierung der lösemittelzugänglichen Oberfläche benötigt. Zu diesem Zweck eignet sich eine alternative Definition der lösemittelzugänglichen Fläche, die von Richards [65] vorgeschlagen wurde und **s**olvent **a**ccessible **s**urface **a**rea (SASA) genannt wird (siehe Abbildung 3.11). Im Gegensatz zur ursprünglichen Oberfläche von Lee und Richards [8] ist diese alternative molekulare Oberfläche nicht von der Van-der-Waals-Oberfläche verschoben. Stattdessen besteht sie aus dem Teil der Van-der-Waals-Oberfläche der Atome, der für die Sondenkugel zugänglich ist (Kontaktfläche), verbunden durch ein Netzwerk von konkaven und sattelförmigen Oberflächen (einspringende Oberfläche), die die Lücken und Vertiefungen zwischen den Atomen ausgleichen, wie in Abbildung 4.27. In Abbildung 3.12 ist ein explizites Beispiel vom SASA als Reaktionskoordinate anhand des Proteins 1enh dargestellt.

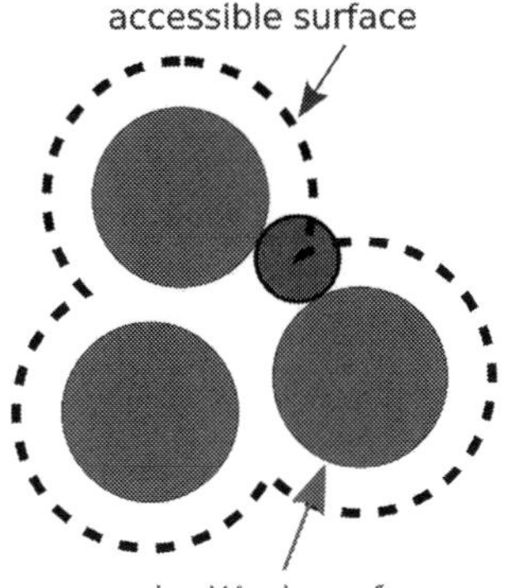

Abbildung 3.11 Veranschaulichung der lösungsmittelzugänglichen Oberfläche im Vergleich zur Van-der-Waals-Oberfläche. Die Van-der-Waals-Oberfläche ist durch die Atomradien gegeben (große Kugeln). Die zugängliche Oberfläche ist mit gestrichelten Linien gezeichnet und entsteht, indem der Mittelpunkt der Sondenkugel (kleine Kugel) beim Rollen entlang der Van-der-Waals-Oberfläche nachgezeichnet wird. Abbildung entnommen aus [66]

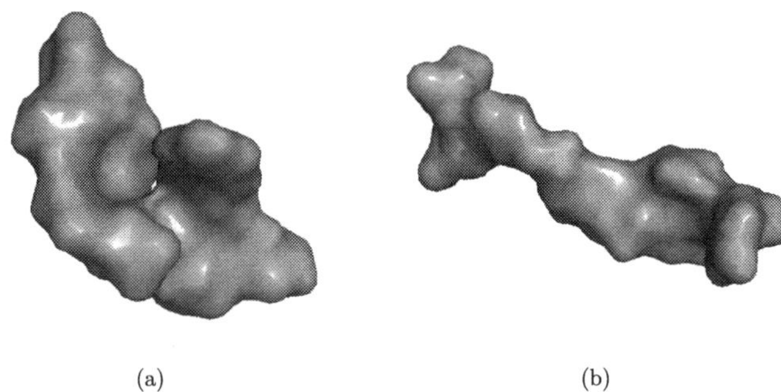

Abbildung 3.12 Lösungsmittelzugängliche Oberfläche anhand der Beispielstruktur YQNPDGSQA. (a) Native Struktur und (b) eine mögliche entfaltete Struktur bei 350 K und 1 bar Druck

3.5 Simulation in GROMACS

In diesem Abschnitt wird das Vorgehen der Simulation in der Software GROMACS anhand des Ala_9 dargestellt. Über GROMACS wird zunächst die Dynamik der Struktur Ala_9 bei einer Temperatur von 300 K und 1 kbar Druck simuliert. Diese Werte sollen hier nur als Beispiel fungieren und können jederzeit über die Software gegen andere Parameter ausgetauscht werden. Die Simulation findet über einen Zeitraum von 10 ns statt, mit Simulationsschritten von 1 fs. Über den Befehl

```
gmx mdrun -s ala9_0.001ps_hb_1kbar_0ns_10ns.tpr
-g ala9_0.001ps_hb_1kbar_0ns_10ns.log
-x ala9_0.001ps_hb_1kbar_0ns_10ns.xtc
-c ala9_0.001ps_hb_1kbar_0ns_10ns.gro
```

wird die Struktur jede 10 ns aufgenommen und erzeugt eine gro-Datei, welche die molekulare Struktur enthält [67]. Dieser Befehl lässt sich zukünftig über die .bash-Datei *script_ala9_jobchain.bash* (Siehe elektronisches Zusatzmaterial A.2) starten, ohne dass für jede 10 ns händisch erneut ein Befehl eingegeben werden muss. Möchte man die Struktur bei einem anderen Druck simulieren, so muss zunächst die Datei *0.001ps_hb.mdp* (siehe elektronisches Zusatzmaterial A.4) unter dem Punkt *ref_p* auf den passenden Wert für den Druck angepasst werden.

Die gro-Dateien können dann über das Script *script_gro2pdb.bash* (siehe elektronisches Zusatzmaterial A.3) in maschinenlesbaren Code im pdb-Format übersetzt werden. Diese Dateien können dann in PyMOL eingelesen werden und für weitere Auswertungen und Betrachtungen verwendet werden.

Nach der Simulation vom Ala_9 müssen die vorliegenden Rohdaten ausgewertet werden. Dafür wird das Script *script_ala9_analysis_1.bash* (siehe elektronisches Zusatzmaterial A.1) ausgeführt. Dieses Analysescript kann in vier Aufgaben unterteilt werden:

1. Für jede Konformation werden die Wasserstoffbrücken gezählt
2. Die Datenspalten werden zu Zeilen transponiert und diese werden dann zu einer Tabelle zusammengefasst, die man in Excel bearbeiten kann.
3. Die *Root mean square deviation* (RSMD) wird berechnet
4. Der *gmx -distance* Befehl wird ausgeführt, um die Wasserstoffbrücken zu zählen

Da im Verlauf der Bearbeitung dieser Arbeit die Reaktionskoordinaten Gyrationsradius und SASA hinzugekommen sind, müssen auch hierfür Befehle ausgeführt werden. Diese sind:

```
gmx gyrate -f intput.xtc -s topol.tpr -n Index.ndx -o gyr.xvg
gmx sasa -f input.xtc -s topol.tpr -n Index.ndx -o sasa.xvg
```

Um anschließend noch den Abstand vom Anfang der Kette des Polypeptids bis zum Ende zu bestimmen, wird zusätzlich das Script *script_ala9_dist.bash* (siehe elektronisches Zusatzmaterial A.5) ausgeführt, welches die Position des C-Alpha-Atoms des ersten Alanins nimmt und den Abstand zum Stickstoffatom des neunten Alanins berechnet.

Bis zu diesem Punkt wurden die Trajektorien in 10 ns Stücken simuliert. Diese Stückelung führt dazu, dass jeweils am Anfang und am Ende der Trajektorie Unstetigkeiten entstehen können, insbesondere dann, wenn sich die Struktur zu diesem Zeitpunkt genau am Rand der Simulationsbox befindet. Aus diesem Grund ist ein Wechsel der Strategie erforderlich, indem der Fokus von fragmentierten Trajektorien auf eine einheitliche Trajektorie gelegt wird. Dafür wird der Befehl

```
gmx trjcat -f $JOB.xtc -o combined_traj_$$.xtc -settime
```

ausgeführt. Da man dies für jedes Teilstück der Trajektorie ausführen muss (also für jeden Zeitschritt Δt), wird dafür ein Skript geschrieben (siehe elektronisches Zusatzmaterial A.7). In den nachfolgenden Kapiteln werden die zentralen GROMACS-Kommandos für die jeweiligen Reaktionskoordinaten detailliert erörtert, unabhängig von dem eingesetzten Skript.

4 Ergebnisse und Diskussion

Diese Arbeit führt die Ergebnisse einer vorausgegangenen Masterarbeit von J. Rückert [53] fort, bei der das Ala_9 unter Normaldruck und einer Temperatur von 300 K betrachtet wurde. Die Ergebnisse dieses Kapitels schließen an diese Messungen an und werden mit den Ergebnissen der besagten Arbeit verglichen. Zusätzlich werden neben dem Ala_9 auch die Strukturen YQNPDGSQA und 1enh betrachtet. Die zentrale Beobachtung dieser Arbeit soll jedoch darauf abzielen, die unterschiedlichen Reaktionskoordinaten (Wasserstoffbrücken-Abstand, Ende-zu-Ende-Abstand, SASA, RMSD und der Gyrationsradius) miteinander zu vergleichen. In den folgenden Kapiteln wird zunächst die Wahl des Binbreite für die relativen Häufigkeiten der Reaktionskoordinaten zur Berechnung der Gibbs-Energien diskutiert. Anschließend wird erklärt, wie aus den erhaltenen Trajektorien der jeweiligen Reaktionskoordinaten die freie Gibbs-Energie ΔG bestimmt wird. Dann werden die Ergebnisse der einzelnen Simulationen dargestellt, um letztendlich mit dem Vergleich dieser abzuschließen.

Ergänzende Information Die elektronische Version dieses Kapitels enthält Zusatzmaterial, auf das über folgenden Link zugegriffen werden kann https://doi.org/10.1007/978-3-658-49140-6_4.

Y. Kasprzak, *Vergleich verschiedener Reaktionskoordinaten in MD-Simulationen anhand der Polypeptide Ala9, YQNPDGSQA und 1enh*, BestMasters,
https://doi.org/10.1007/978-3-658-49140-6_4

4.1 Wahl des Binbreite zur Minimierung des statistischen Rauschens

Die erhaltenen Energielandschaften hängen entscheidend von der Wahl der Binbreite l ab. Es wurde eine Binbreite von 0,01 nm gewählt, weil dies ein akzeptables statistisches Rauschen bietet, ohne strukturelle Informationen zu verlieren. Eine Binbreite von 0,1 nm führt zu einem viel geringeren statistischen Rauschen und die Energielandschaften werden geglättet, aber die Merkmale der gefalteten und entfalteten Zustände gehen verloren. Zum Vergleich sind auch die Ergebnisse mit einer Binbreite von 0,001 nm dargestellt.

Schaut man sich die Darstellungen in Abbildung 4.1 an, so sieht man, dass der Verlauf der Kurven für die Wahl einer Breite von 0,001 nm und 0,01 nm sehr ähnlich ist. Neben den gezeigten Verläufen für das RMSD sind auch die Reaktionskoordinaten Abstand der Wasserstoffbrückenbindung und der Ende-zu-Ende-Abstand in Abbildung 4.1 dargestellt. Bei der Binbreite von 0,001 nm sind viele Schwankungen zu sehen, die jedoch keine „echten“ Faltungszustände darstellen, sondern nur statistisches Rauschen. Die Darstellung mit der Binbreite von 0,01 nm ist schon wesentlich glatter. Schaut man sich nun die Darstellung mit der Binbreite von 0,1 nm an, so zeigt der Kurvenverlauf aufgrund weiterer Glättung ein anderes Verhalten: Viele der vorher gezeigten Minima und Maxima verschwinden nun. Hier kann nun in zwei Richtungen argumentiert werden, die gleichberechtigt nebeneinander existieren:

1. Die Darstellung ist schlechter, da es sich bei den vorher gezeigten Minima und Maxima um echte Faltungszustände handelt.
2. Die Darstellung ist besser, da hier nur echte Faltungszustände als Maxima und Minima vorkommen.

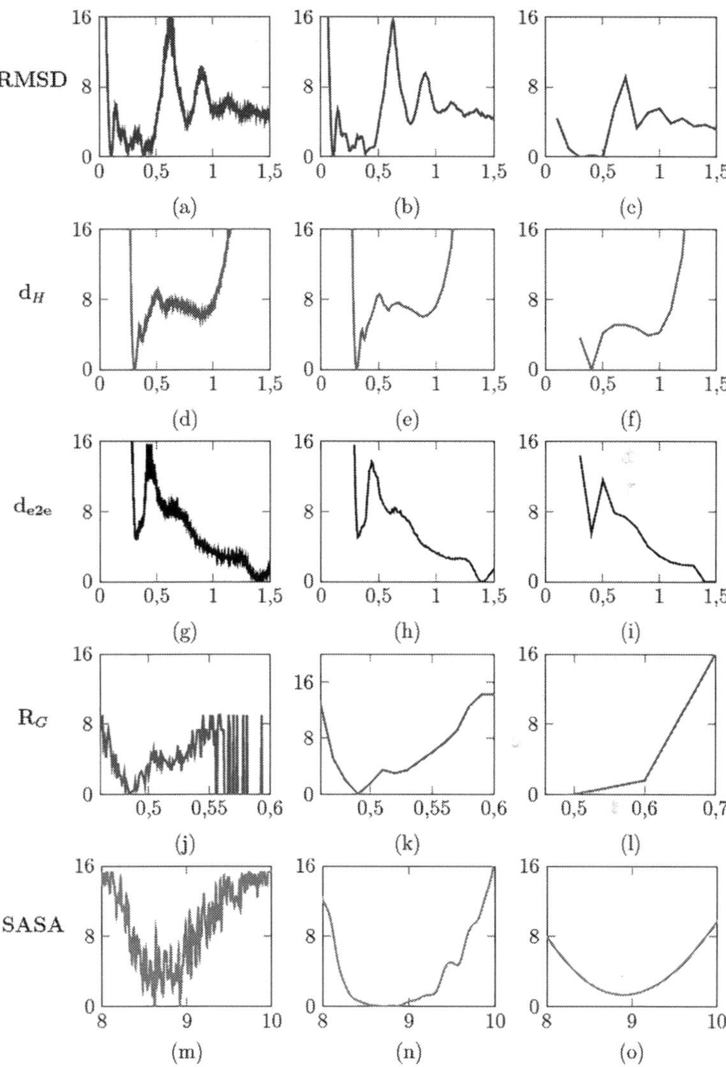

Abbildung 4.1 Die Gibbs-Energie vom Ala_9 in kJ mol^{-1} für die unterschiedlichen Reaktionskoordinaten RMSD in nm (blau, a–c), d_H in nm (rot, d–f), d_{e2e} in nm (schwarz, g–i), R_G in nm (grün, j–l) und SASA in nm^2 (orange, m–o). Die Binbreiten sind v.l.n.r. 0,001 nm, 0,01 nm und 0,1 nm

Die Analyse der Binbreiten gewinnt an erheblicher Bedeutung, insbesondere wenn die Gibbs-Energie manuell berechnet wird, da dabei eine geeignete Wahl der Binbreite zur Erstellung des Histogramms getroffen werden muss. Angesichts der Tatsache, dass die Berechnung (siehe elektronisches Zusatzmaterial B.1) sowohl rechen- als auch zeitaufwändig ist, und auch die Argumentation möglich ist, dass nicht jedes Minimum einem tatsächlichen Faltungszustand entspricht, wird in dieser Arbeit ein Intervallwert von 0,001 nm trotz des Rauschens gewählt, um keine mögliche strukturelle Information zu verlieren. Nach der Berechnung der Gibbs-Energie erfolgt eine Glättung der resultierenden Daten (siehe elektronisches Zusatzmaterial A.6), bei der ein gaußscher gleitender Mittelwert angewendet wird, welcher durch ein selbst entwickeltes GROMACS-Skript (siehe elektronisches Zusatzmaterial A.6) implementiert wurde. Wichtig ist, dass für jede Simulation individuell entschieden werden muss, wie stark die Daten geglättet werden müssen. Der in Abbildung 4.1 ermittelte Effekt zeigt sich auch in ähnlicher Weise in den Energielandschaften der Strukturen YQNPDGSQA (Abbildung 4.2) und 1enh (Abbildung 4.3). Hierbei ist jedoch der Effekt beim YQNPDGSQA deutlich schwächer ausgeprägt als bei den anderen beiden Strukturen, da diese Struktur deutlich stabiler ist und weniger Konformationsänderungen zu beobachten sind.

4.2 Berechnung der freien Energielandschaften

Um die Trajektorien auszuwerten, müssen diese in freie Energielandschaften überführt werden. Dieser Vorgang wird hier exemplarisch für die Reaktionskoordinate Ende-zu-Ende-Abstand beschrieben.

Die Ende-zu-Ende-Distanz von Ala_9 wird anhand der simulierten Trajektorie in Zeitintervallen von 20 ps berechnet, um das Gibbs-Energieprofil G in Abhängigkeit von der Ende-zu-Ende-Distanz als Reaktionskoordinate zu bestimmen. Aus den simulierten Werten wird ein Histogramm erstellt, um eine Wahrscheinlichkeitsverteilung h der Reaktionskoordinaten zu erhalten. Diese wird anschließend, folgend der Formel 4.1, zunächst logarithmiert und anschließend mit der Boltzmann-Konstante k_B und der Temperatur T multipliziert.

$$G = -k_B T \ln h \tag{4.1}$$

Im letzten Schritt wird das resultierende Gibbs-Energie-Profil, der Mittelwert

$$\mu = MA[q(t)] \tag{4.2}$$

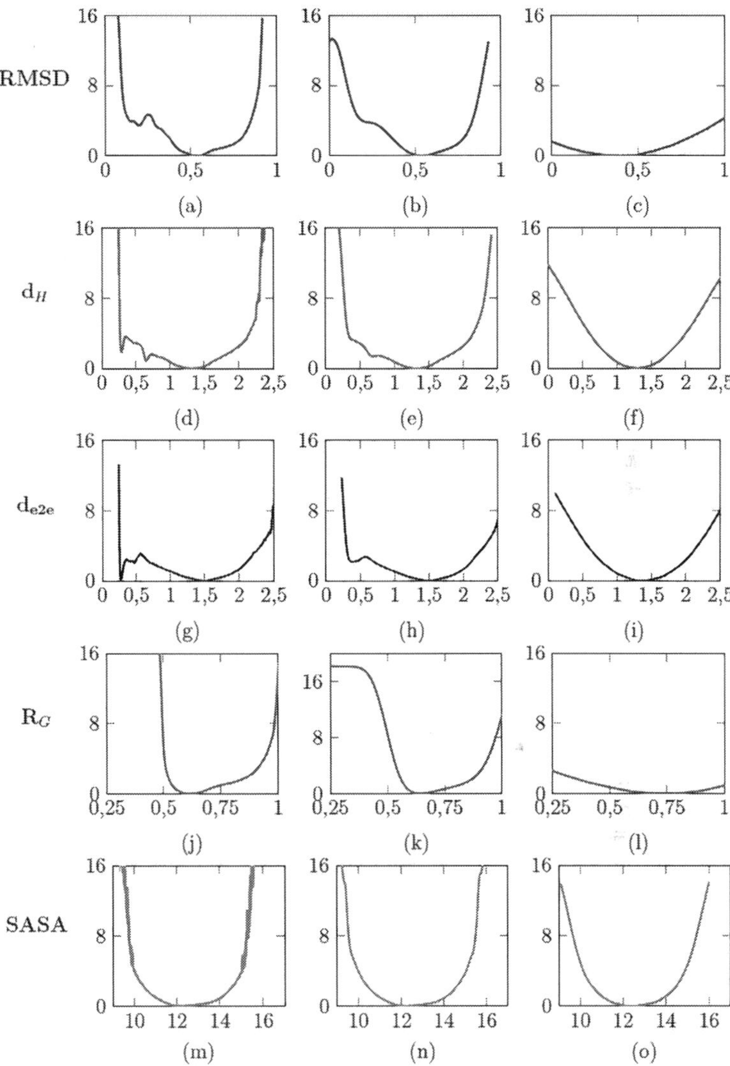

Abbildung 4.2 Die Gibbs-Energie vom YQNPDGSQA in kJ mol^{-1} für die unterschiedlichen Reaktionskoordinaten RMSD in nm (blau, a–c), d_H in nm (rot, d–f), $d_{\mathbf{e2e}}$ in nm (schwarz, g–i), R_G in nm (grün, j–l) und SASA in nm^2 (orange, m–o). Die Binbreiten sind v.l.n.r. 0,001 nm, 0,01 nm und 0,1 nm

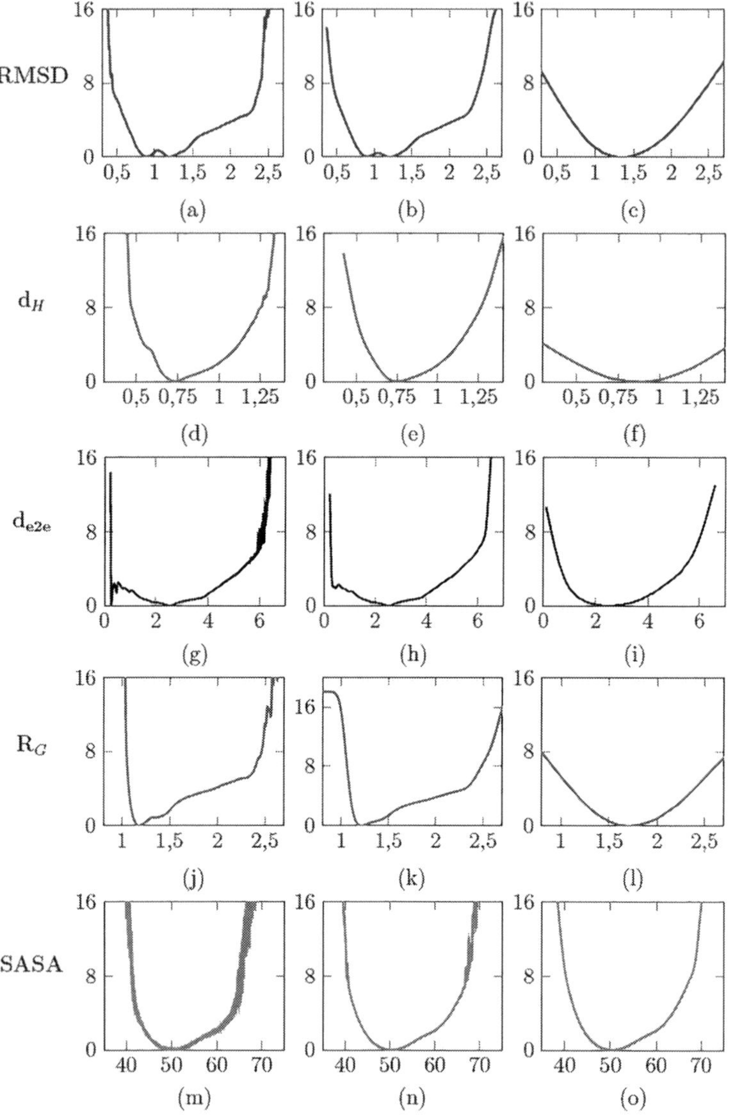

Abbildung 4.3 Die Gibbs-Energie vom 1enh in kJ mol^{-1} für die unterschiedlichen Reaktionskoordinaten RMSD in nm (blau, a–c), d_H in nm (rot, d–f), $\mathbf{d_{e2e}}$ in nm (schwarz, g–i), R_G in nm (grün, j–l) und SASA in nm^2 (orange, m–o). Die Binbreiten sind v.l.n.r. 0,001 nm, 0,01 nm und 0,1 nm

und die Standardabweichung

$$\sigma = \sqrt{MA[(q(t) - \mu(t))^2]} \tag{4.3}$$

berechnet, wobei *MA* dem gleitenden Mittelwert (**m**oving **a**verage) entspricht. Der Gaußfilter ist definiert durch

$$\tilde{q}(t) = \frac{1}{\sqrt{2\pi\sigma(t)^2}} \int_{t'=t-ks}^{t+ks} \mu(t')\mathrm{e}^{-(t-t')^2/2\sigma(t)^2}\,\mathrm{d}t' \tag{4.4}$$

wobei hier für die Parameter $s = 40$ und $k = 10$ gewählt wird. k entspricht dabei einem Cutoff-Parameter und s beschreibt die Breite der Gaußfunktion. Die Gibbs-Energie-Profile für die weiteren Reaktionskoordinaten sowie für YQNPDGSQA und 1enh werden analog berechnet. Da nur Unterschiede in der Gibbs-Energie physikalische Bedeutung haben, kalibrieren wir die Energieprofile so, dass der niedrigste Wert von G auf Null gesetzt wird.

In dieser Arbeit wird die Temperatur T nicht direkt der simulierten Temperatur gleichgesetzt. Vielmehr wird ein konstanter Wert von 0,12 K für alle Simulationen herangezogen. Die Fähigkeit eines Systems, eine energetische Hürde zu überwinden, ist stark von der ihm zur Verfügung stehenden thermischen Energie abhängig. Wenn das System entweder bei 300 K oder bei 450 K eine Barriere in Höhe von 1,5 k_BT zu überwinden hat, bleibt die Wahrscheinlichkeit, diese Barriere zu meistern, in beiden Fällen gleich. Daher wird die Energie auf der vertikalen Achse durch die Einheiten von k_BT ausgedrückt.

Ein Auszug der aus den Simulationen erhaltenen Energiewerte für die Reaktionskoordinaten RMSD ist in gekürzter Form (also nur im Intervallbereich zwischen 0,1 und 1,5) in Tabelle 4.1, für den Wasserstoffbrücken-Abstand in Tabelle 4.2 und für den Ende-zu-Ende-Abstand in Tabelle 4.3 dargestellt.

Im Kontext von Tabelle 4.2 und Tabelle 4.3 wird an bestimmten Positionen der Begriff „NaN“ (not a number) verwendet. Dieser Ausdruck tritt auf, weil zunächst die Wahrscheinlichkeitsverteilungen der Reaktionskoordinaten für die Berechnung der Gibbs-Energien herangezogen werden. In einigen Intervallsegmenten kann es vorkommen, dass die relativen Häufigkeiten h den Wert null annehmen. Da die Gibbs-Energie unter Verwendung der Formel

$$\Delta G = -k_BT\,\ln(h) \tag{4.5}$$

ermittelt wird und der negative Logarithmus von null mathematisch nicht definiert ist, resultiert in den entsprechenden Zellen der Tabellen der Eintrag NaN. Dies reflektiert die Unmöglichkeit, eine gültige Energie zu berechnen.

Die Resultate, die in Bezug auf die Reaktionskoordinate der Lösungsmittel zugänglichen Oberfläche (SASA) sowie den Gyrationsradius erlangt wurden, entsprechen im Wesentlichen den vorgestellten Resultaten. Da sie keine signifikanten Abweichungen aufweisen, wird auf eine tabellarische Darstellung in diesem Zusammenhang verzichtet und deren Ergebnisse sind in den folgenden Kapiteln grafisch dargestellt.

Tabelle 4.1 Änderung der Gibbsschen Energie ΔG in kJ mol^{-1} vom RMSD bei Drücken zwischen 1 kbar und 4 kbar sowie bei gegebenen Intervallpunkten I in nm

I	$\Delta G_{1\,kbar}$	$\Delta G_{2\,kbar}$	$\Delta G_{4\,kbar}$
0,1	0,92	1,04	0,88
0,2	2,69	2,65	3,02
0,3	1,11	2,23	2,61
0,4	0,62	1,1	1,85
0,5	3,41	4,13	5,59
0,6	12,58	13,66	14,46
0,7	7,52	7,45	7,17
0,8	4,08	4,76	6,08
0,9	9,43	9,69	9,49
1	5,32	5,53	6,11
1,1	5,74	6,08	6,96
1,2	5,49	5,64	5,81
1,3	5,07	5,4	6,25
1,4	5,04	4,99	5,69
1,5	4,49	4,75	5,27

Tabelle 4.2 Änderung der Gibbsschen Energie ΔG in kJ mol^{-1} für die Wasserstoffbrückenbindungen bei Drücken zwischen 1 kbar und 4 kbar sowie bei gegebenen Intervallpunkten I in nm

I	$\Delta G_{1\ kbar}$	$\Delta G_{2\ kbar}$	$\Delta G_{4\ kbar}$
0,1	NaN	NaN	NaN
0,2	NaN	NaN	NaN
0,3	0,87	0,7	0,39
0,4	4,67	5,62	5,09
0,5	8,42	8,48	9,14
0,6	6,97	7,31	8,73
0,7	7,34	7,54	8,15
0,8	6,65	6,83	8,09
0,9	6,07	6,1	7,22
1	7,29	7,38	8,52
1,1	11,78	11,92	12,91
1,2	22,09	24,02	24,42
1,3	NaN	NaN	NaN
1,4	NaN	NaN	NaN
1,5	NaN	NaN	NaN

Tabelle 4.3 Änderung der Gibbsschen Energie ΔG in kJ mol^{-1} für den Ende-zu-Ende-Abstand bei Drücken zwischen 1 kbar und 4 kbar sowie bei gegebenen Intervallpunkten I in nm

I	$\Delta G_{1\ kbar}$	$\Delta G_{2\ kbar}$	$\Delta G_{4\ kbar}$
0,1	NaN	NaN	NaN
0,2	NaN	NaN	NaN
0,3	9,54	12,46	14,67
0,4	9,24	9,37	10,66
0,5	10,96	11,85	12,95
0,6	7,81	8,61	9,38
0,7	7,5	8,36	9,56
0,8	5,96	6,69	7,23
0,9	4,06	5,08	5,15
1	3,23	4,03	3,96
1,1	2,77	3,17	3,53
1,2	2,74	3,05	3,63
1,3	2,07	2,12	2,24
1,4	0	0	0,11
1,5	1,43	1,61	2,01

4.3 Ergebnisse der Simulationenen

In den folgenden drei Abschnitten werden die Ergebnisse der Simulationen für die Strukturen Ala$_9$, YQNPDGSQA und dem Protein 1enh für die jeweiligen Reaktionskoordinaten Wasserstoffbrückenbindungslänge, dem Ende-zu-Ende-Abstand, dem Gyrationsradius, dem RMSD und der solvent accessible surface area (SASA) dargestellt. Hierbei sind die Ergebnisse als Energielandschaften dargestellt (für die Berechnung siehe Abschnitt 4.2).

4.4 Ala$_9$

Das Peptid wird zunächst in der Mitte einer kubischen Simulationsbox mit periodischen Randbedingungen platziert. Anschließend fügt man 3731 Wassermoleküle hinzu. Zunächst wird eine Energieminimierung vorgenommen, bei der die Proteinkoordinaten fixiert bleiben, um das System zu stabilisieren, gefolgt von einer 1 ns langen Molekulardynamik-Simulation im mikrokanonischen Ensemble (NVE). Die Äquilibrierung des Systems erfolgt im Anschluss über eine 5-ns-MD-Simulation im kanonischen Ensemble.

In einem nächsten Schritt erfolgt eine zusätzliche 5-ns-Simulation im isothermisch-isobaren Ensemble (NVT) bei einer Temperatur von 300 K und einem Druck von 1 bar, während die Proteinkoordinaten weiterhin fixiert bleiben. Das gleichgewichtige System dient dann als Ausgangspunkt für eine 10-μs-Simulation, bei der die Proteinkoordinaten freigegeben sind. Ziel ist es, eine Trajektorie zu erzeugen, die anschließend analysiert wird.

Die Entfaltung wird zum Einen isotherm bei 300 K und Drücken zwischen 1 bar und 4 kbar betrachtet und zum Anderen isobar bei 1 bar und Temperaturen zwischen 300 K und 425 K.

4.4.1 Ende-zu-Ende-Abstand

Der Ende-zu-Ende-Abstand berechnet sich für das Ala$_9$ über den Befehl:

```
gmx distance -f input.xtc -s topol.tpr -n index
   .ndx -oav output.xvg -select "atomnr 1 plus
   atomnr 93"
```

In diesem Prozess wird der Abstand vom ersten zum letzten Atom (hier *n*, wobei dieser Wert je nach untersuchter Struktur spezifiziert werden muss) in der

Indexdatei des Moleküls ermittelt. Abbildung 4.4 veranschaulicht die Veränderung des Ende-zu-Ende-Abstands über die ersten 10 ns der 10 μs Trajektorie zur Beschreibung der nativen Wasserstoffbrückenlängen. Hierbei sind innerhalb des Verlaufs keine eindeutigen Zustände erkennbar.

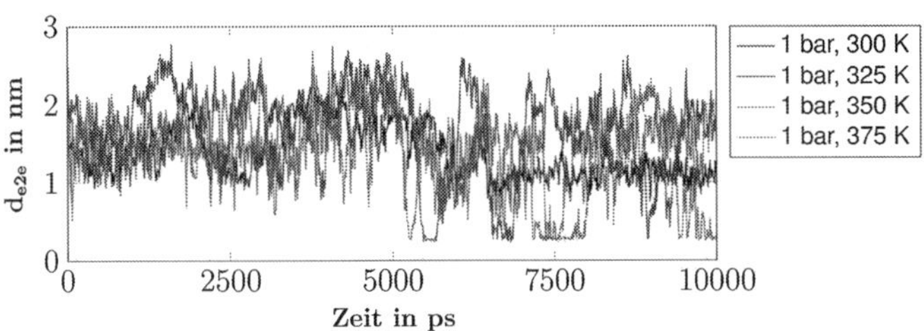

Abbildung 4.4 Zeitliche Änderung des Ende-zu-Ende-Abstandes über 10 ns für Simulationen des Ala_9 zwischen 300 K und 370 K

Im Weiteren wird die Häufigkeitsverteilung der Ende-zu-Ende-Abstände in 0,001 nm Intervallen berechnet, was zur Bestimmung der entsprechenden Wahrscheinlichkeiten und Gibbsschen Energie G in k_BT verwendet wird. Abbildung 4.5 zeigt die Energieverläufe der vier Simulationen basierend auf diesem 0,001 nm Intervall. In allen vier Simulationsverläufen werden identische Extrema bei den Ende-zu-Ende-Distanzen beobachtet. Jedoch ist ab einer Distanz von 1,4 nm und unterhalb von 0,7 nm eine stärkere Divergenz der Kurven erkennbar. Generell zeigen die durchschnittlich berechneten Kurven Minima der Ende-zu-Ende-Distanzen bei 0,25 nm, 0,62 nm und 1,4 nm. Dabei ist das energetische Minimum bei 1,4 nm am tiefsten, da die Energien auf diesen Punkt normiert wurden. Auffällige Maxima befinden sich bei 0,49 nm und 0,73 nm, und stellen mögliche Übergangszustände dar. Ein entfalteter Zustand lässt sich aus diesem Energieprofil nicht herauslesen, weil die Molekülbewegung im entfalteten Zustand zu jeglichen Endabständen führen kann. Die zusätzlichen Minima bei 0,25 nm und 0,62 nm könnten die Ende-zu-Ende-Distanzen potenzieller partieller Entfaltungszustände widerspiegeln.

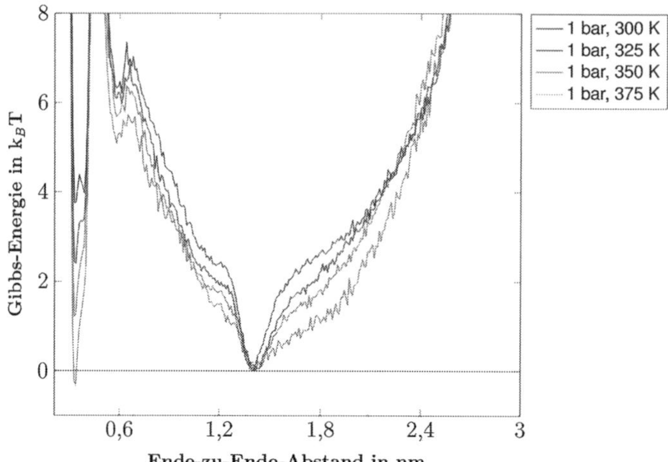

Abbildung 4.5 Gibbs-Energie als Funktion vom Ende-zu-Ende-Abstand bei 1 bar und Temperaturen von 300 K mit einer Binbreite von 0,01 nm und nach Glättung der Daten mit dem gleitenden Mittelwert

4.4.2 Wasserstoffbrücken-Abstand

Für den Wasserstoffbrücken-Abstand wird ebenfalls der *distance* Befehl verwendet, hier müssen allerdings die Donor- und Akzeptoratome der Wasserstoffbrücke in der-*select* Option angegeben werden. Somit ergibt sich für den Befehl für das Ala_9:

```
gmx distance -f input.xtc -s topol.tpr -n index
   .ndx -oav output.xvg -select "atomnr 22 plus
    atomnr 53" "atomnr 32 plus atomnr 63" "
   atomnr 42 plus atomnr 73"
```

Auf diese Weise wird für jede Datei alle 10 ns eine Häufigkeitsverteilung der Wasserstoffbrückenlängen in Intervallen von 0,0025 nm erstellt. Der Befehl normiert diese einzelnen 10-ns-Verteilungen jeweils auf eine Gesamtsumme von 200. Einheiten oder ein Normierungsfaktor werden hierbei nicht vom Programm angegeben und sind im Handbuch [4] nicht erwähnt. Daher kann aus dieser Verteilung die exakte Anzahl der Wasserstoffbrücken zu einem bestimmten Zeitpunkt und einer spezifischen Länge nicht berechnet werden. Die ersten 10 ns der 20 μs Trajektorie für die Simulationen bei unterschiedlichen Temperaturen ist in Abbildung 4.6 dargestellt.

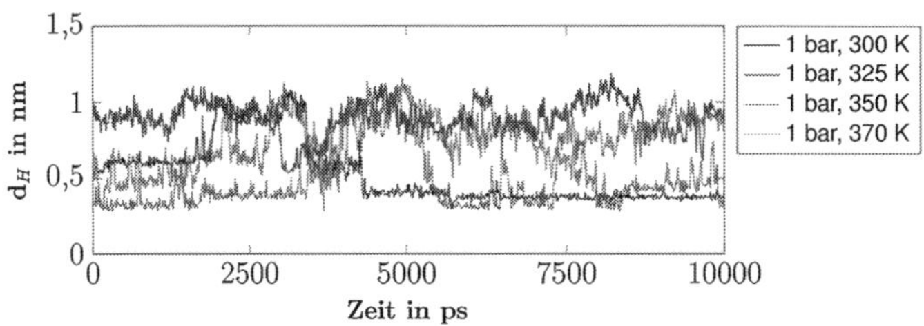

Abbildung 4.6 Zeitliche Änderung des Ende-zu-Ende-Abstandes über 10 ns für Simulationen des Ala_9 zwischen 300 K und 370 K

Im nächsten Schritt wurden die ermittelten 10 ns-Verteilungen für jede der drei Wasserstoffbrücken aufsummiert. Die daraus abgeleitete Verteilung wurde anschließend auf 1 normiert. Daraufhin wurde die Gibbssche Energie G in kJ mol^{-1} berechnet. In Abbildung 4.7 sind die Verläufe der Energie für die Simulationen zwischen 300 K und 375 K dargestellt. Der Energieverlauf der Wasserstoffbrücken einer Helix mit linksgängiger Drehrichtung zeigt ein Minimum bei 0,32 nm, 0,39 nm und 0,87 nm. Mit Bezug auf die maximale Defaultlänge der Wasserstoffbrücken von 0,35 nm in GROMACS liegt dieser Abstand im üblichen Rahmen [4].

Basierend auf dem Verlauf der Energie kann das Minimum bei 0,32 nm als die Wasserstoffbrückenlänge im gefalteten Zustand interpretiert werden, weshalb die Energien auf diesen Punkt genormt wurden. Im Gegensatz dazu könnte das Maximum bei 0,36 nm einen Übergangszustand darstellen, da es energetisch über den vorherigen Energien liegt. Ebenso könnte das Maximum bei 0,5 nm ebenfalls einen Übergangszustand kennzeichnen, da dort der höchste Energiepunkt erreicht wird. Dieses Maximum könnte somit die Energiebarriere zwischen dem gefalteten und dem entfalteten Zustand darstellen. Ein auffälliges tiefes Minimum bei 0,87 nm könnte der Wasserstoffbrückenlänge im entfalteten Zustand entsprechen. Die Lagen der Peptidzustände sind zusätzlich in Abbildung 4.8 repräsentativ anhand der Simulationsdaten bei 350 K und 1 bar dargestellt.

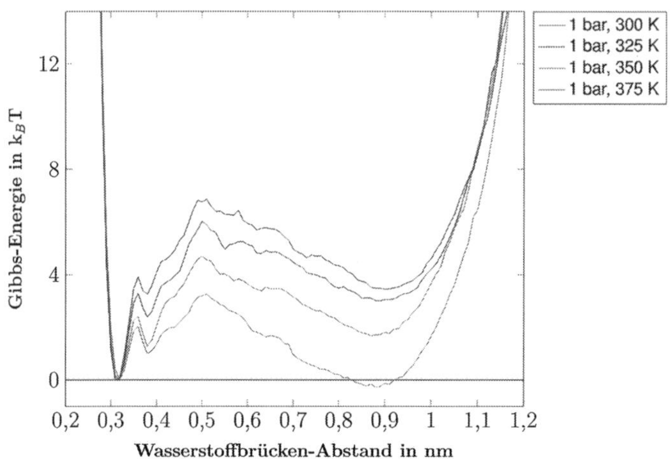

Abbildung 4.7 Gibbs-Energie als Funktion vom Wasserstoffbrücken-Abstand bei 1 bar und Temperaturen von 300 K mit einer Binbreite von 0,01 nm und nach Glättung der Daten mit dem gleitenden Mittelwert

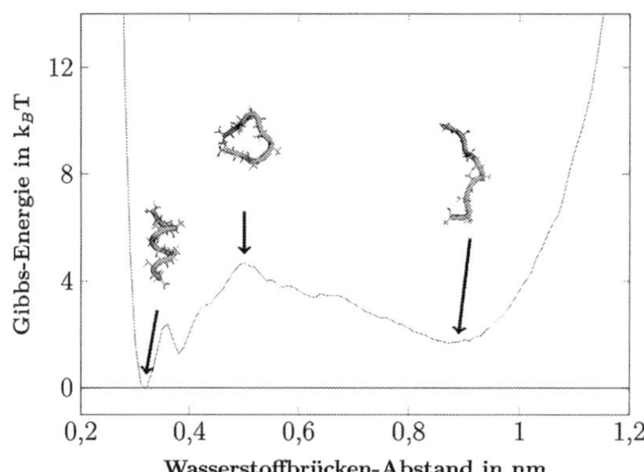

Abbildung 4.8 Gibbs-Energie als Funktion vom Wasserstoffbrücken-Abstand bei 1 bar und Temperaturen von 350 K mit einer Binbreite von 0,01 nm und nach Glättung der Daten mit dem gleitenden Mittelwert. Zusätzlich sind bei den lokalen Minima bei 0,35 nm und 0,9 nm, sowie beim Übergangszustand bei 0,5 nm mögliche Entfaltungsstrukturen dargestellt

4.4.3 RMSD

Da das RMSD auf einem mathematischen Ansatz basiert, erfordert es im Vorfeld weniger Informationen. Lediglich eine Referenzstruktur, welche über die *topol.tpr* Datei bereitgestellt wird, ist nötig. Der Befehl zum Berechnen des RMSD in GROMACS lautet:

```
gmx rms -f input.xtc -s topol.tpr -n index.ndx
   -o output.xvg
```

Die ersten 10 ns der aus der 20 μs resultierenden Trajektorien für die Simulationen von Temperaturen zwischen 300 K und 375 K sind in Abbildung 4.9 dargestellt.

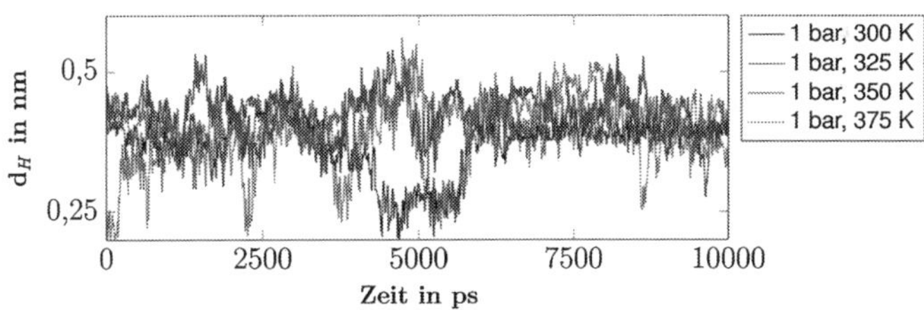

Abbildung 4.9 Zeitliche Änderung des RMSD über 10 ns für Simulationen des Ala$_9$ zwischen 300 K und 375 K

Der graphische Verlauf des RMSD bei verschiedenen Temperaturen in Relation zur Gibbs-Energie weist ein Minimum bei 0,11 nm auf, das dem nativen Zustand zugeordnet wird. Mit ansteigender Temperatur werden die Kurvenverläufe glatter (siehe Abbildung 4.10), sodass die Minima bei 0,2 nm für die 300 K-Simulation und bei 0,25 nm bei den weiteren Simulationen weniger markant erscheinen. Ein möglicher Übergangszustand zeigt sich bei 0,37 nm und das globale Minimum bei 0,44 nm, das in allen Simulationen als stabilerer Zustand im Vergleich zur nativen Struktur erscheint.

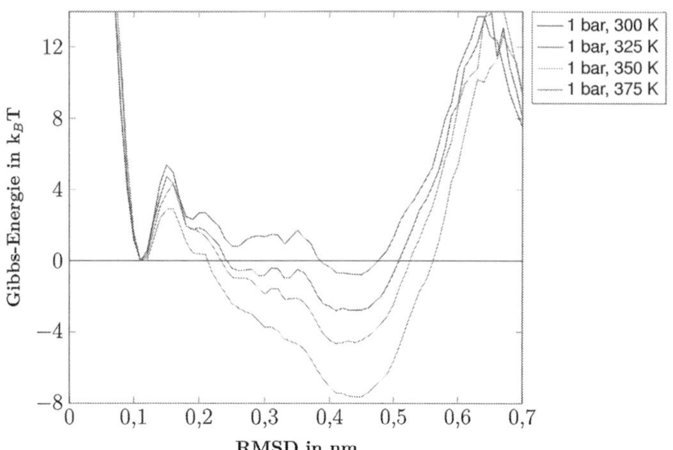

Abbildung 4.10 Gibbs-Energie als Funktion vom RMSD bei 1 bar und Temperaturen von 300 K mit einer Binbreite von 0,01 nm und nach Glättung der Daten mit dem gleitenden Mittelwert

4.4.4 Gyrationsradius

Für die Berechnung des Gyrationsradius muss folgender Befehl ausgeführt werden:

```
gmx gyrate -f input.xtc -s topol.tpr -n index.
   ndx -o output.xvg
```

In Abbildung 4.11 ist der Verlauf des Gyrationsradius dargestellt. Dabei liegt ein eindeutiges Minimum bei 0,48 nm vor. Neben diesem Minimum liegt bei 0,52 nm ein kleines Maximum. Das Minimum bei 0,46 nm kann als gefalteter Zustand interpretiert werden, dieser kann aber auch je nach Stärke der Glättung verschwinden. Analog zum Ende-zu-Ende-Abstand hat ein Peptid im ungefalteten Zustand keinen definierten Gyrationsradius, da es zahlreiche Konformationen annehmen kann, wodurch sich sein Schwerpunkt und sein Trägheitsmoment stets ändern. Bei einer detaillierten Analyse der Kurvenverläufe wird deutlich, dass diese sich im Gegensatz zu anderen Reaktionskoordinaten in ihrem Verlauf bei verschiedenen Temperaturen stark unterscheiden. Dies könnte darauf zurückzuführen sein, dass die Simulationen nicht als kontinuierliche Trajektorien über eine Dauer von 20 μs, sondern in 1 ps Intervallen fragmentiert durchgeführt wurden. Eine erneute Betrachtung des zeitlichen Verlaufs der Trajektorie (siehe

Abbildung 4.12) zeigt, dass bei Simulationen oberhalb von 300 K signifikante Schwankungen auftreten, ohne dass, wie bei der 300 K Simulation, im Bereich zwischen 6000 und 10000 ps ein stabiler Bereich sichtbar ist. Auch dieser Aspekt kann die unterschiedlichen Verläufe in Abbildung 4.11 erklären. Unter diesen spezifischen Simulationsbedingungen erweist sich diese Reaktionskoordinate als eingeschränktermaßen tauglich für die Proteinfaltungsprozesse.

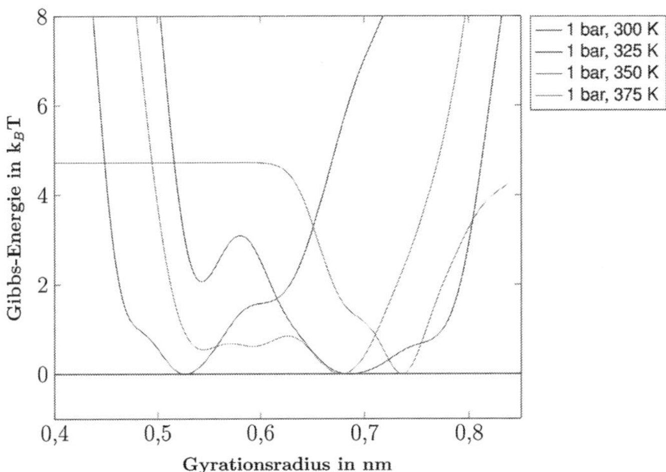

Abbildung 4.11 Gibbs-Energie als Funktion vom Gyrationsradius bei 1 bar und Temperaturen von 300 K mit einer Binbreite von 0,01 nm und nach Glättung der Daten mit dem gleitenden Mittelwert

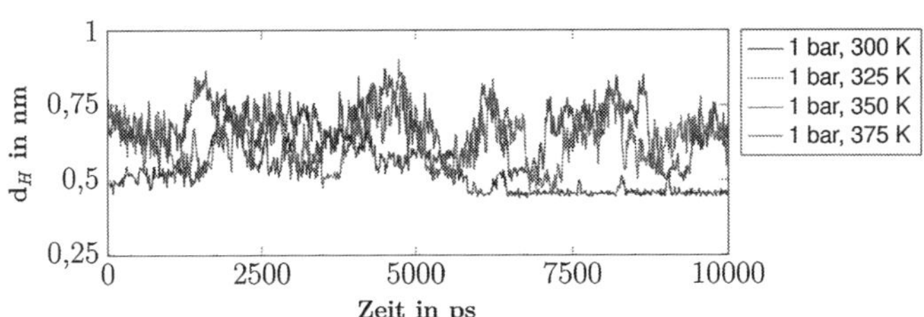

Abbildung 4.12 Zeitliche Änderung des Gyrationsradius über 10 ns für Simulationen des Ala_9 zwischen 300 K und 370 K

4.4.5 SASA

Beim SASA muss der Befehl

```
gmx sasa -f input.xtc -s topol.tpr -n index.ndx
    -o output.xvg
```

ausgeführt werden. Die aus dieser Simulation hervorgehende Trajektorie für die Simulation im Temperaturbereich zwischen 300 K und 370 K ist in Abbildung 4.13 dargestellt.

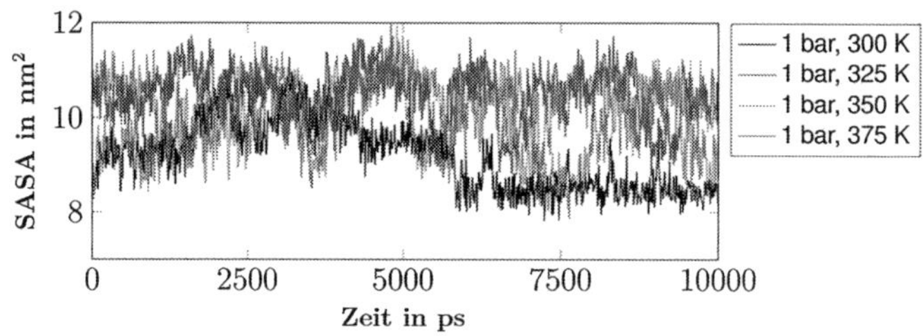

Abbildung 4.13 Zeitliche Änderung des SASA über 10 ns für Simulationen des Ala_9 zwischen 300 K und 375 K

In den Verlaufskurven von Abbildung 4.14 wird deutlich, dass die Simulationsergebnisse bei den Temperaturen 325 K, 350 K und 375 K signifikant von denen bei 300 K abweichen. Ein Grund dafür könnte sein, dass die Simulation bei 300 K fragmentiert durchgeführt wurde [53], anstelle einer kontinuierlichen Trajektorie über eine Dauer von 10 μs wie bei den anderen Temperaturen. Zudem unterscheiden sich die Referenzstruktur und die Eigenschaften der Simulationsbox im Vergleich zur Simulation bei 300 K. Bei dieser ist das globale Energieminimum bei 8,5 nm^2, ein Übergangszustand bei 9 nm^2, und es gibt einen möglichen stabilen entfalteten Zustand bei 9,5 nm^2. Bei den Simulationen von 325 K bis 375 K liegt das Energieminimum und somit der native Zustand bei 10,8 nm^2. Insbesondere bei 375 K ist das Minimum breit und erstreckt sich von 10,5 nm^2 bis 10,8 nm^2. Bei 325 K gibt es ein lokales Minimum bei 9,5 nm^2, bei 350 K bei 10,3 nm^2, sowie bei 375 K bei 9,4 nm^2 und 8,8 nm^2. Die stark variierenden Kurven, ähnlich wie bereits für die Reaktionskoordinate des Gyrationsradius erläutert, sind folglich nur begrenzt für die Proteinfaltung anwendbar.

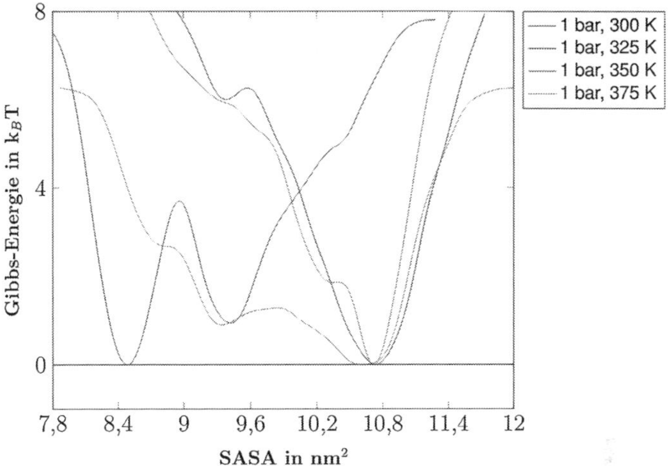

Abbildung 4.14 Gibbs-Energie als Funktion vom SASA Abstand bei 1 bar und Temperaturen von 300 K mit einer Binbreite von 0,01 nm^2 und nach Glättung der Daten mit dem gleitenden Mittelwert

4.4.6 Druck-Simuationen zwischen 1 kbar und 4 kbar

Zusätzlich zu den Temperatur-Simulationen wurden auch Druck-Simulationen für Ala$_9$ durchgeführt, da Druckänderungen ebenfalls zur Entfaltung führen können. In diesem Kapitel sind die Resultate für die Reaktionskoordinaten Ende-zu-Ende-Abstand (Abbildung 4.16), Abstand der Wasserstoffbrücken (Abbildung 4.17) und RMSD (Abbildung 4.15) zusammengefasst dargestellt [68]. Für die weiteren Strukturen wurden aus zeitlichen Gründen und aufgrund der unveränderten Interpretation der Reaktionskoordinaten keine Simulationen bei variierenden Drücken durchgeführt. Im Gegensatz zu den Temperatursimulationen sind für die Drucksimulationen keine zeitlichen Verläufe der Trajektorien dargestellt.

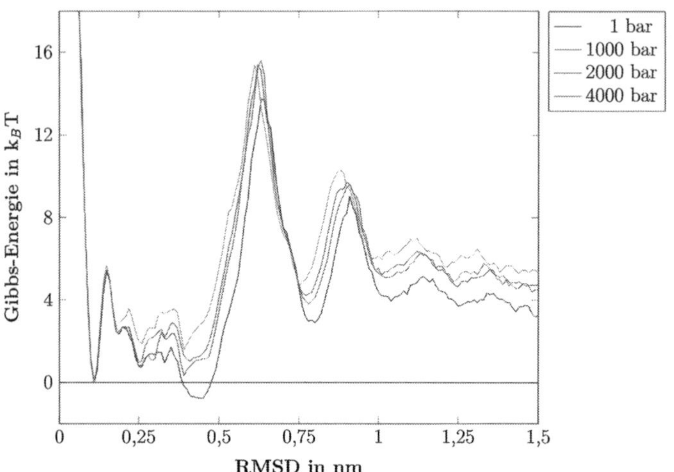

Abbildung 4.15 Gibbs-Energie als Funktion der RMSD bei 300 K und bei Druckwerten von 1, 1000, 2000 und 4000 bar. Abbildung entnommen aus [68]

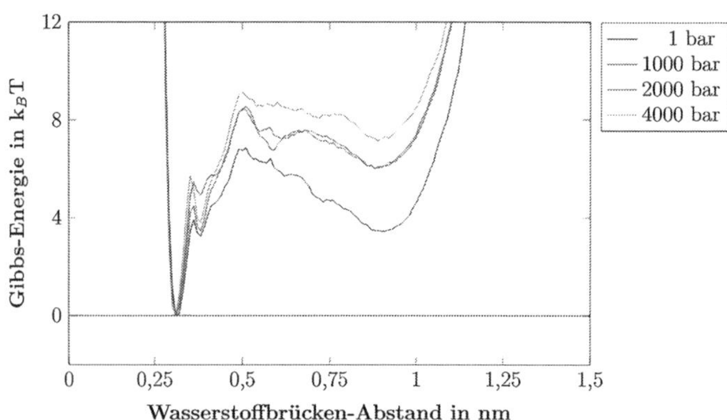

Abbildung 4.16 Energielandschaft bei Druckwerten von 1, 1000, 2000 und 4000 bar, alle simuliert bei einer Temperatur von 300 K für die Reaktionskoordinaten des Wasserstoffbrückenbindungsabstandes. Abbildung entnommen aus [68]

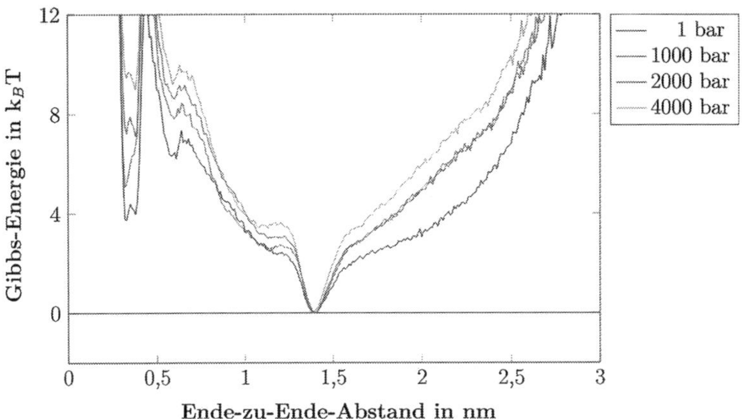

Abbildung 4.17 Energielandschaft bei Drücken von 1, 1000, 2000 und 4000 bar, alle gemessen bei einer Temperatur von 300 K für die Reaktionskoordinaten des Ende-zu-Ende-Abstand. Abbildung entnommen aus [68]

4.5 YQNPDGSQA

Die ursprüngliche Struktur wird wie das Ala_9 erzeugt und wird in eine Simulationsbox mit 854 Wassermolekülen und einem Na^+-Ion platziert, damit die Box eine neutrale Ladung besitzt. Bevor eine 20-μs-Trajektorie durch eine MD-Simulation im NpT-Ensemble bei Temperaturen von 300 K bis 450 K und einem Druck von 1 bar erzeugt wird, werden die gleichen Äquilibrierungsschritte wie beim Ala_9 durchgeführt. Im Gegensatz zum Ala_9 sind hier die Simulationstemperaturen 400 K und 425 K dazugekommen, da beobachtet werden konnte, dass auch bei diesen Temperaturen die Struktur weiterhin stabil bleibt. Dies ist auch in Hinblick auf größere Strukturen von Interesse. In Abbildung 4.18 ist die 10 ns Trajektorie für die Simulationen bei Temperaturen zwischen 300 K und 425 K dargestellt. Zur Erstellung der Trajektorien werden dieselben Befehle, wie in den vorherigen Kapiteln beschrieben, verwendet.

4.5.1 Ende-zu-Ende-Abstand

Zunächst ist in Abbildung 4.18 der zeitliche Verlauf der Trajektorie über 20 μs dargestellt. Dieser zeigt starke Schwankungen über den gesamten Zeitraum, ohne dass deutliche Sprünge und somit Konformationsänderungen zu sehen sind. Betrachtet man die Energielandschaft (siehe Abbildung 4.19), zeigt sich in allen Simulationen, dass das globale Minimum bei 0,35 nm liegt.

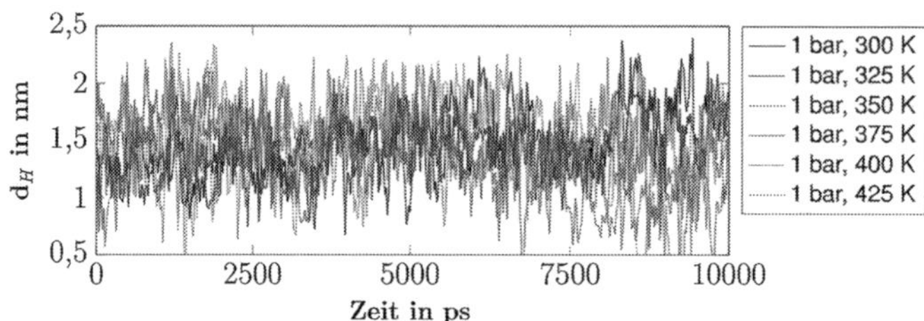

Abbildung 4.18 Zeitliche Änderung des Ende-zu-Ende-Abstandes über 10 ns für Simulationen des YQNPDGSQA zwischen 300 K und 425 K

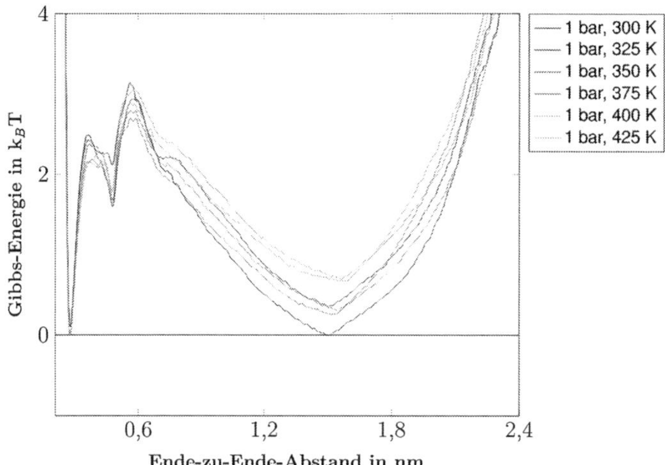

Abbildung 4.19 Gibbs-Energie als Funktion vom Ende-zu-Ende-Abstand bei 1 bar und Temperaturen von 300, 325, 350, 375, 400 und 425 K mit einer Binbreite von 0,01 nm und nach Glättung der Daten mit dem gleitenden Mittelwert

Zusätzliche Minima treten bei 0,55 nm und 1,7 nm auf, welche mögliche stabile Faltungszustände darstellen könnten. Zwei Maxima bei 0,4 nm und 0,7 nm kennzeichnen die Übergangszustände. Innerhalb dieser Reaktionskoordinate wird deutlich, dass die Energiemuster mit steigender Temperatur divergieren.

4.5.2 Wasserstoffbrücken-Abstand

In Abbildung 4.20 werden die ersten 10 ns der 20 μs lange Trajektorie präsentiert.

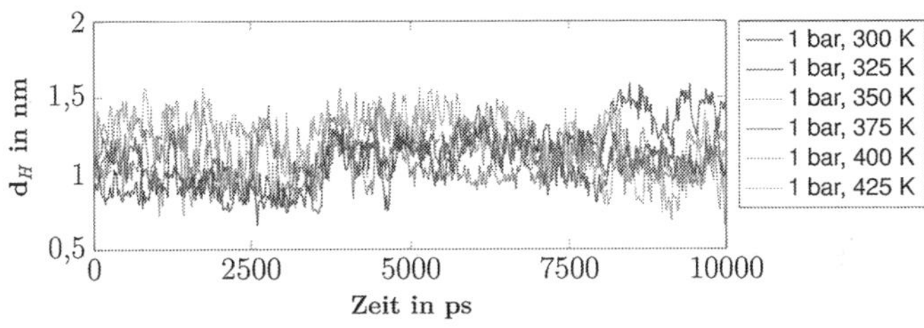

Abbildung 4.20 Zeitliche Änderung des Wasserstoffbrücken-Abstandes über 10 ns für Simulationen des YQNPDGSQA zwischen 300 K und 425 K

Durch die Betrachtung der Energielandschaft (siehe Abbildung 4.21) lässt sich klar ein lokales Minimum für alle Simulationen bei 1 nm identifizieren.

Weitere Energieminima sind bei den Abständen von 0,7 nm und 0,35 nm lokalisiert, wobei letzteres Minimum der nativen Struktur entspricht. Für Simulationen im Temperaturbereich von 375 K bis 425 K verschwindet das Minimum bei 0,7 nm. Die Energiewerte bei 1 nm sind niedriger, was darauf hinweist, dass dieser entfaltete Zustand stabiler als die native Struktur ist. Übergangszustände sind bei 0,55 nm und 0,78 nm verortet.

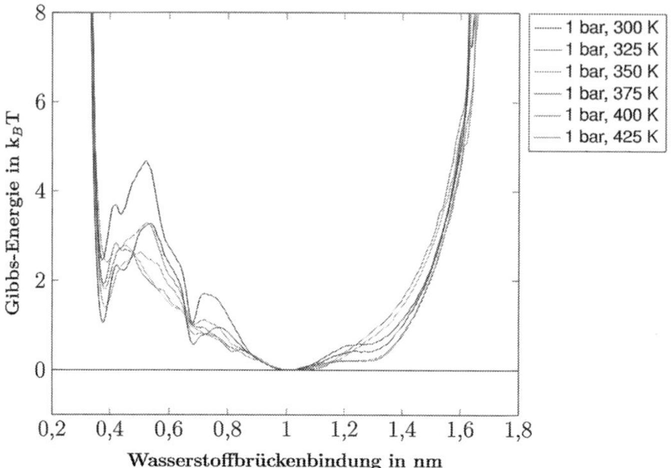

Abbildung 4.21 Gibbs-Energie als Funktion vom Wasserstoffbrücken-Abstand bei 1 bar und Temperaturen von 300, 325, 350, 375, 400 und 425 K mit einer Binbreite von 0,01 nm und nach Glättung der Daten mit dem gleitenden Mittelwert

4.5.3 RMSD

Der Verlauf der 20 μs Trajektorie ist in Abbildung 4.22 dargestellt. Die Form und der Verlauf der Energiekurven sind für alle durchgeführten Temperatursimulationen konsistent.

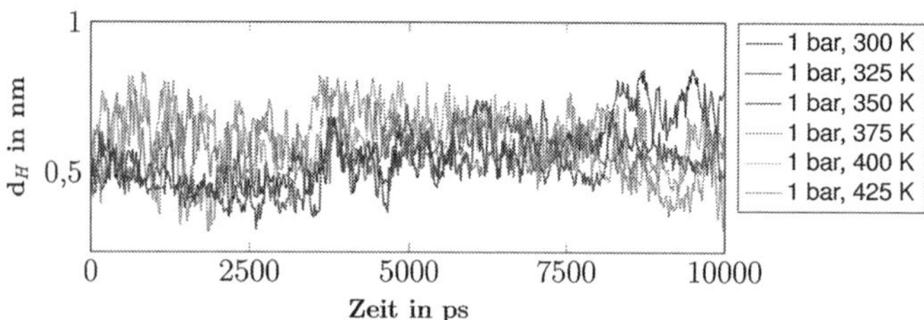

Abbildung 4.22 Zeitliche Änderung des RMSD über 10 ns für Simulationen des YQN-PDGSQA zwischen 300 K und 425 K

Bei näherer Betrachtung der Darstellung der Energielandschaft fällt auf, dass diese spezifische Reaktionskoordinate eine exzellente Auflösung des nativen Zustands im Gegensatz zu den möglichen entfalteten Zuständen bietet. Das globale Maximum, welches die native Struktur indiziert, ist deutlich bei 0,55 nm zu lokalisieren. Zusätzlich existiert ein weiteres lokales Minimum bei einer Position von 0,2 nm. Abhängig von der angewandten Glättungsstärke der Daten kann dieses Minimum bis zu einem Bereich von 0,18 nm reichen. Ein deutlich definierter Übergangszustand zeichnet sich bei 0,25 nm ab (siehe Abbildung 4.23).

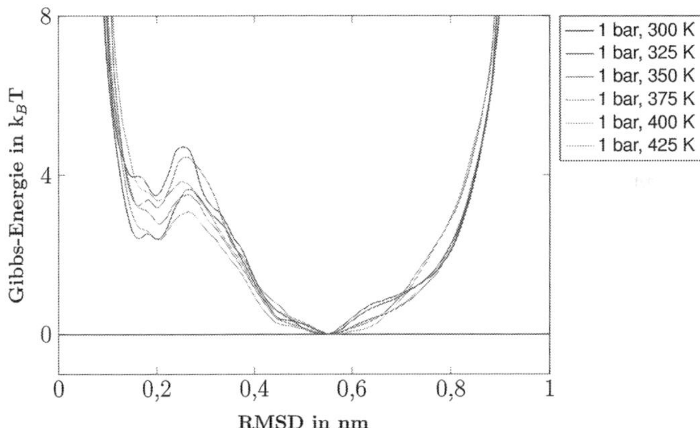

Abbildung 4.23 Gibbs-Energie als Funktion vom RMSD bei 1 bar und Temperaturen von 300, 325, 350, 375, 400 und 425 K mit einer Binbreite von 0,01 nm und nach Glättung der Daten mit dem gleitenden Mittelwert

Ebenso wie beim Ala_9 wird auch hier einmal exemplarisch für die Reaktionskoordinate RMSD bei einer Temperatur von 300 K der Verlauf der Energielandschaft separiert dargestellt (siehe Abbildung 4.24) und um die native Struktur sowie den möglichen Entfaltungszustand und den Übergangszustand ergänzt.

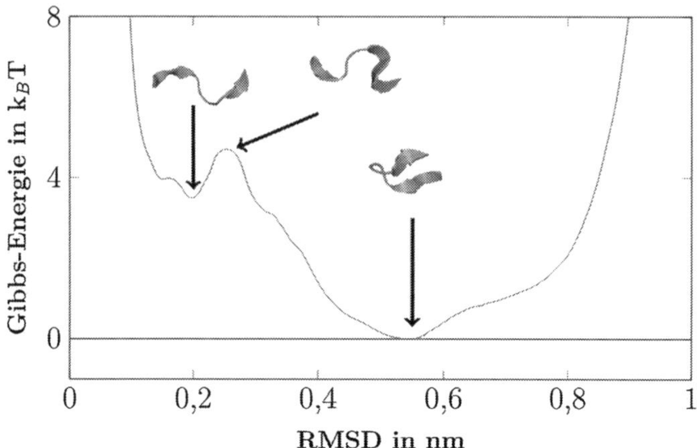

Abbildung 4.24 Gibbs-Energie als Funktion vom RMSD bei 1 bar und Temperaturen von 350 K mit einer Binbreite von 0,01 nm und nach Glättung der Daten mit dem gleitenden Mittelwert. Zusätzlich sind bei den lokalen Minima bei 0,55 nm und 0,2 nm, sowie beim Übergangszustand bei 0,25 nm mögliche Entfaltungsstrukturen dargestellt

4.5.4 Gyrationsradius

Im Gegensatz zu den zuvor betrachteten Reaktionskoordinaten ist das Energiemuster (siehe Abbildung 4.25) bemerkenswert flach. Diese Eigenschaft erschwert die Unterscheidung zwischen dem nativen Zustand und potenziellen Entfaltungszuständen. Alle Simulationen (siehe Abbildung 4.26) zeigen ein globales Minimum bei 0,6 nm. Insgesamt ähneln sich die Kurvenverläufe über die gesamten Temperaturbereiche hinweg. Ein Unterschied zeichnet sich jedoch ab 0,7 nm zwischen den Simulationen bei 350 K und 425 K im Vergleich zu den anderen Simulationen ab. Aufgrund der flachen Natur des Kurvenverlaufs lässt sich höchstens eine leichte Absenkung bei etwa 0,85 nm vermuten.

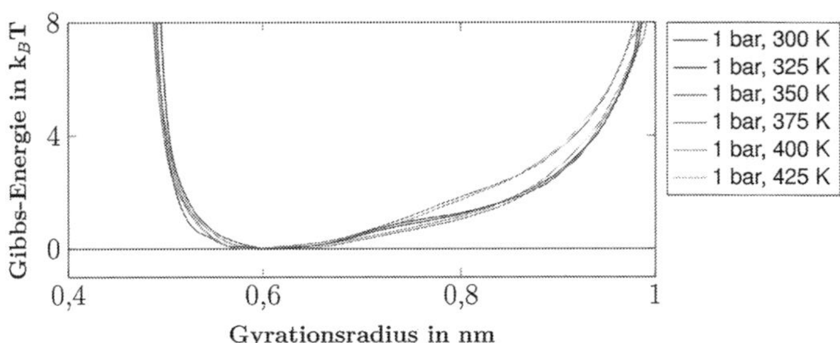

Abbildung 4.25 Gibbs-Energie als Funktion vom Gyrationsradius bei 1 bar und Temperaturen von 300, 325, 350, 375, 400 und 425 K mit einer Binbreite von 0,01 nm und nach Glättung der Daten mit dem gleitenden Mittelwert

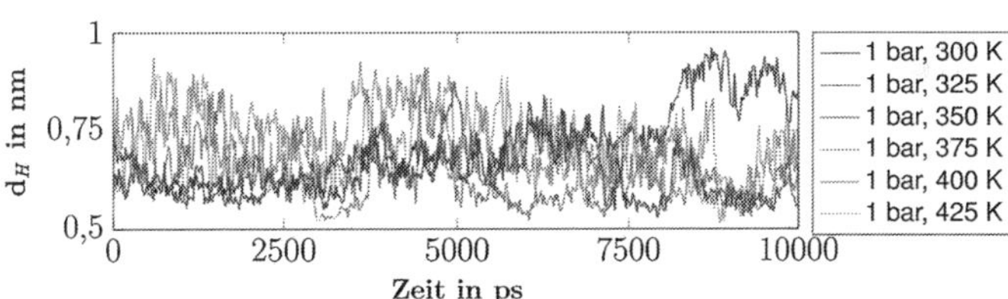

Abbildung 4.26 Zeitliche Änderung des Gyrationsradius über 10 ns für Simulationen des YQNPDGSQA zwischen 300 K und 425 K

4.5.5 SASA

Analog zum Verlauf des Gyrationsradius zeigt auch das Energielandschaftsprofil (siehe Abbildung 4.27) einen gleichmäßigen und glatten Verlauf. Das globale Energieminimum, dass der nativen Konfiguration entspricht, liegt bei 12,3 nm. Während beim Gyrationsradius eine schwache Absenkung vermutet werden konnte, ist dies hier nicht der Fall. Auch die Darstellung der Reaktionskoordinate über die Zeit (siehe Abbildung 4.28) weist über den gesamten Zeitraum erhebliche Variationen auf. Somit sind auch in diesem Fall keine Faltungsübergänge zu erkennen.

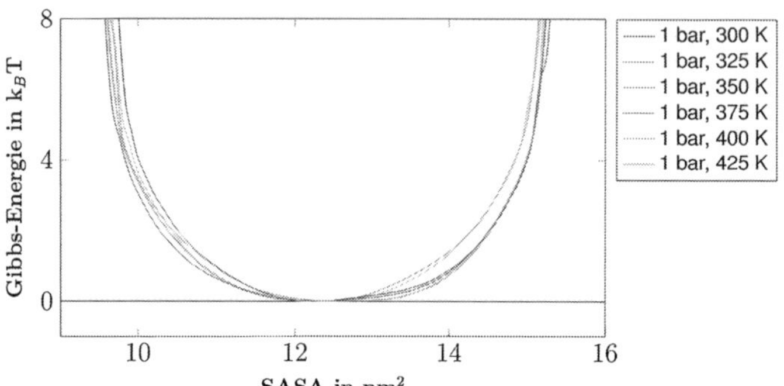

Abbildung 4.27 Gibbs-Energie als Funktion von der solvent-accessible surface area bei 1 bar und Temperaturen von 300, 325, 350, 375, 400 und 425 K mit einer Binbreite von 0,01 nm und nach Glättung der Daten mit dem gleitenden Mittelwert

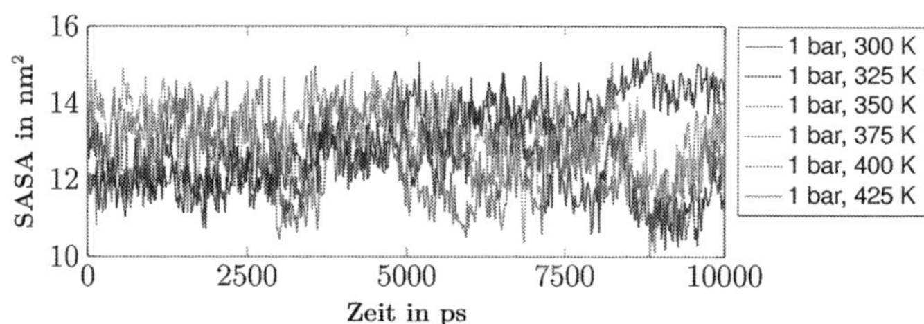

Abbildung 4.28 Zeitliche Änderung des SASA über 10 ns für Simulationen des YQN-PDGSQA zwischen 300 K und 370 K

4.6 1enh

Das 1enh wird in eine Simulationsbox mit 10916 Wassermolekülen und 7 Cl^--Ionen platziert. Nach Gleichgewichtsschritten, wie oben beschrieben, erfolgt eine 60-μs-Trajektorie durch eine MD-Simulation im NpT-Ensemble bei einer Temperatur von 400 K sowie 450 K und jeweils einem Druck von 1 bar. Im Gegensatz zu den Strukturen Ala_9 und YQNPDGSQA ist das 1enh eine deutlich größere Struktur. Dies beeinflusst die Simulationszeit, da sowohl die Simulationsbox größer gewählt werden als auch mehr Wassermoleküle in der Box hinzugefügt werden. Daher sind für das 1enh nur Simulationen bei 400 K und 450 K durchgeführt worden.

4.6.1 Ende-zu-Ende-Abstand

Der graphische Auftrag des Ende-zu-Ende-Abstandes über die ersten 10 ns der simulierten 20 μs Trajektorie, welche in Abbildung 4.29 dargestellt ist, zeigt starke Schwankungen über den gesamten Zeitverlauf für die 400 K Simulation, die konstant um einen Wertebereich oszillieren. In der 450 K-Simulation wird um etwa 3000 ps eine abrupte Erhöhung beobachtet, die auf eine mögliche Konformationsänderung hinweist. Auch zu anderen Zeitpunkten kann dieses Verhalten beobachtet werden.

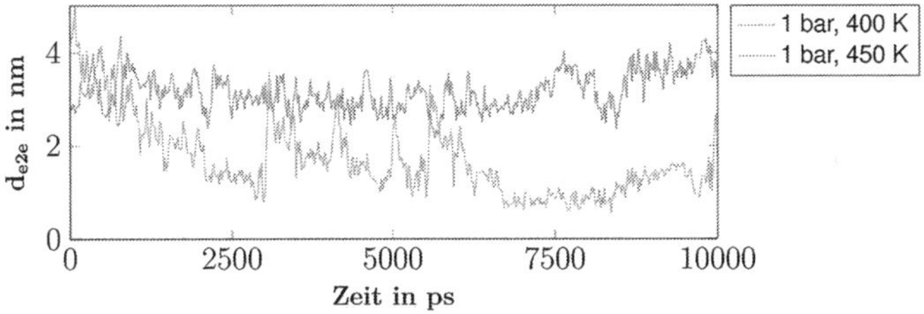

Abbildung 4.29 Zeitliche Änderung des Ende-zu-Ende-Abstands über 10 ns für Simulationen des 1enh zwischen 400 K und 450 K

Die Simulationen bei Temperaturen von 400 K und 450 K zeigen ähnliche Verlaufsprofile (siehe Abbildung 4.30), weisen jedoch leichte Differenzen auf. Bei beiden Beobachtungen liegt das globale Minimum bei einer Distanz von 2,7 nm. In der Simulation bei 400 K tritt ein lokales Minimum bei 1,3 nm auf, einschließlich zweier ausgeprägter Minima bei 0,2 nm und 0,5 nm. Für die Simulation bei 450 K bleiben die markanten Minima bei 0,2 nm und 0,5 nm bestehen, während das Minimum bei 1,3 nm entfällt. Stattdessen wird bei 1 nm ein geringfügiges Minimum verzeichnet. Vermutlich resultieren die beiden ersten aufgetragenen Minima aus Artefakten, die durch Interaktionen der Moleküle der betrachteten Struktur mit den Molekülen der benachbarten Zelle entstehen könnten, bedingt durch die periodischen Randbedingungen der Simulationsbox.

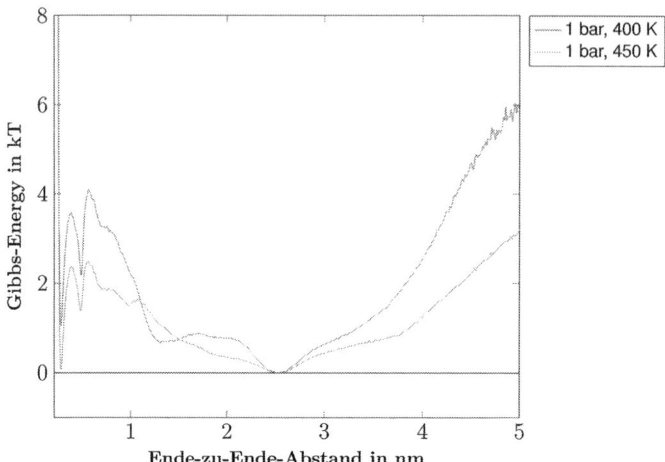

Abbildung 4.30 Gibbs-Energie als Funktion vom Ende-zu-Ende-Abstand bei 1 bar und Temperaturen von 400 und 450 K mit einer Binbreite von 0,01 nm und nach Glättung der Daten mit dem gleitenden Mittelwert

4.6.2 Wasserstoffbrücken-Abstand

Betrachtet man die graphische Darstellung der initialen 10 ns der von der Simulation generierten 20 μs Trajektorie (siehe Abbildung 4.31), so lässt sich feststellen, dass in der 400 K Simulation leichte Erhöhungen bei etwa 4500 ps und 7700 ps auftreten.

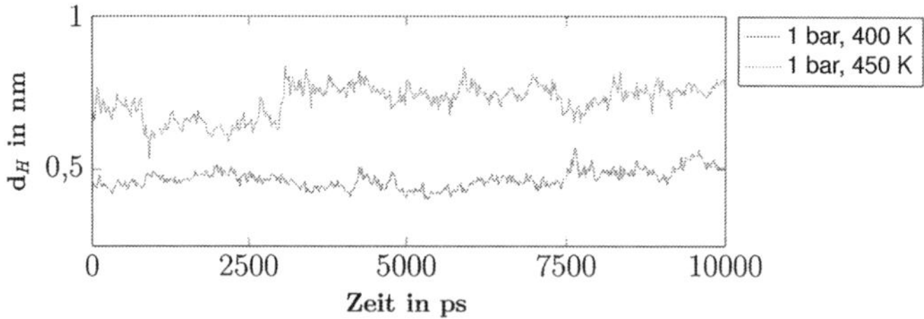

Abbildung 4.31 Zeitliche Änderung des Wasserstoffbrücken-Abstands über 10 ns für Simulationen des 1enh zwischen 400 K und 450 K

Diese Änderungen deuten auf Konformationswechsel hin. Im Gegensatz dazu ist die Größe der Erhöhungen deutlich geringer als in der 450 K Simulation, wo auffällige und abrupte Anstiege und Abfälle bei ungefähr 1000 ps, 2700 ps und 7500 ps beobachtet werden. Wenn man den Abstand der Wasserstoffbrücken gegen die Gibbs-Energie aufträgt (siehe Abbildung 4.32), wird deutlich, dass das globale Minimum in den beiden Simulationen bei leicht abweichenden Werten auftritt. Dies tritt nur beim 1enh im Vergleich zu den anderen untersuchten Strukturen auf. Das globale Minimum, das auch die native Struktur darstellt, liegt bei der 400 K Simulation bei 0,65 nm und bei der 450 K Simulation bei 0,73 nm.

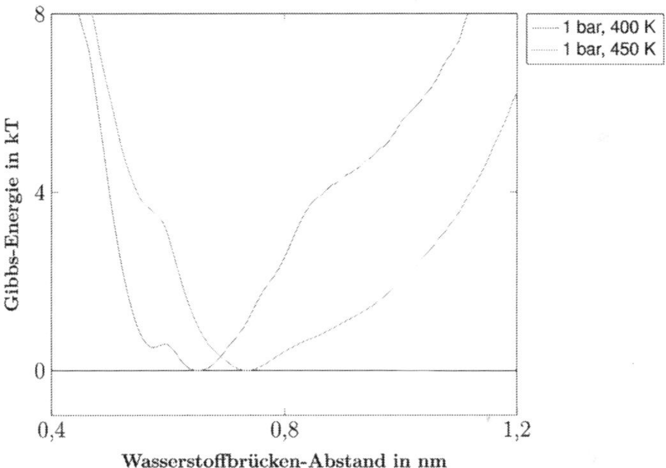

Abbildung 4.32 Gibbs-Energie als Funktion vom Wasserstoffbrücken-Abstand bei 1 bar und Temperaturen von 400 und 450 K mit einer Binbreite von 0,01 nm und nach Glättung der Daten mit dem gleitenden Mittelwert

4.6.3 RMSD

Im zeitlichen Verlauf des RMSD über die initialen 10 ns (siehe Abbildung 4.33) lässt sich feststellen, dass die Fluktuationen des RMSD in der 400 K Simulation ausgeprägter sind im Vergleich zur 450 K Simulation. Dennoch sind bei beiden Temperatursimulationen abrupte Anstiege oder Rückgänge zu beobachten, die auf Konformationsänderungen hindeuten. Bei der Untersuchung der Energiekonfigurationen, wie in Abbildung 4.34 dargestellt, zeigt sich, dass die globalen Minima in den Simulationen bei verschiedenen Temperaturen an unterschiedlichen Punkten der Reaktionskoordinate auftreten.

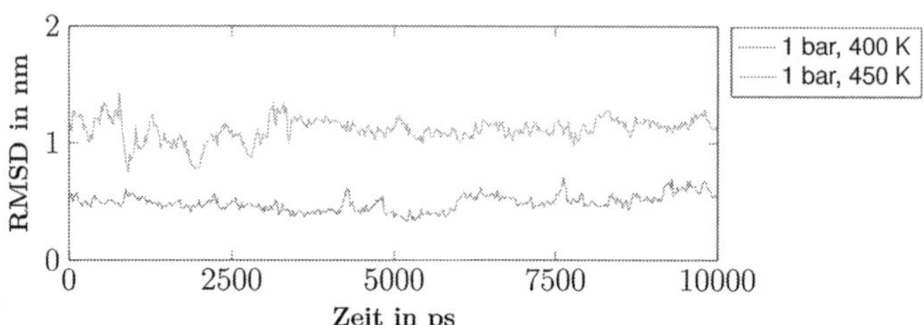

Abbildung 4.33 Zeitliche Änderung des RMSD über 10 ns für Simulationen des 1enh zwischen 400 K und 450 K

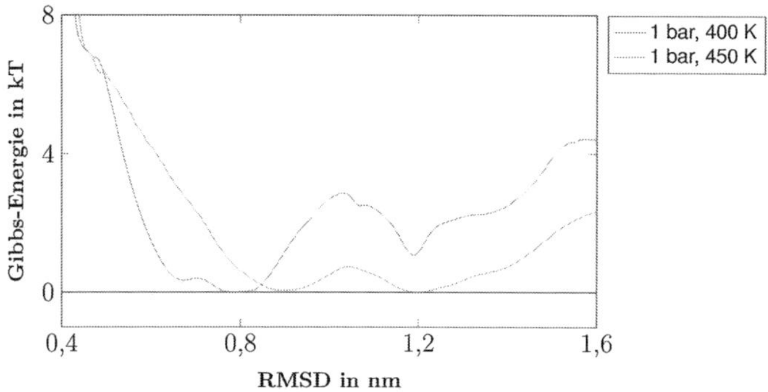

Abbildung 4.34 Gibbs-Energie als Funktion vom RMSD bei 1 bar und Temperaturen von 400 und 450 K mit einer Binbreite von 0,01 nm und nach Glättung der Daten mit dem gleitenden Mittelwert

In der Simulation bei 400 K befindet sich das globale Minimum, das dem nativen Faltungszustand entspricht, bei 1,2 nm, während es bei 450 K bei 0,7 nm liegt. Betrachtet man andere Minima, variieren diese deutlich in ihrer Lage. Für die 400 K-Simulation ist ein Minimum bei 1 nm zu finden, begleitet von einem Übergangszustand, einem lokalen Maximum zwischen zwei Minima, bei 1,1 nm. In der 450 K-Simulation zeigt sich ein prägnantes Minimum bei 1,2 nm mit einem Übergangszustand bei 1,05 nm. Allerdings kann, abhängig von der

Glättung des Energieprofils, der Übergangszustand von 1,05 nm auf 1,1 nm verschoben werden. Auch für diese Struktur soll einmal exemplarisch anhand der 400 K Simulation die Energielandschaft mit den zugehörigen Entfaltungs- bzw. Faltungszuständen dargestellt werden (siehe Abbildung 4.35).

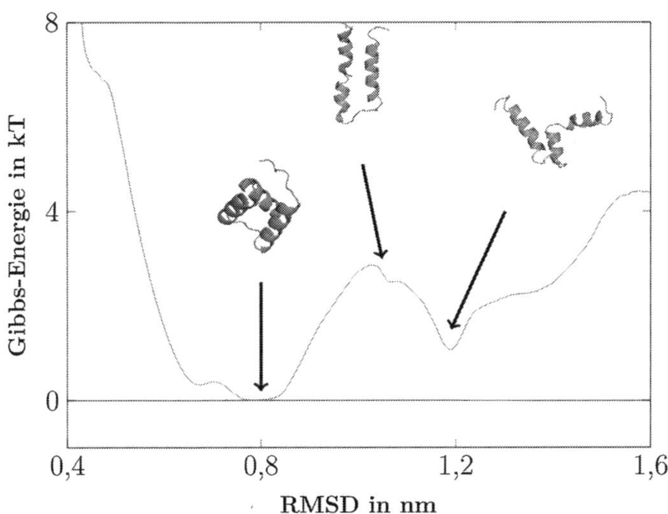

Abbildung 4.35 Gibbs-Energie als Funktion vom RMSD bei 1 bar und einer Temperatur von 400 K mit einer Binbreite von 0,01 nm und nach Glättung der Daten mit dem gleitenden Mittelwert. Zusätzlich sind bei den lokalen Minima bei 0,8 nm und 1,2 nm, sowie beim Übergangszustand bei 1,1 nm mögliche Entfaltungsstrukturen dargestellt

4.6.4 Gyrationsradius

In Bezug auf den Gyrationsradius als Reaktionskoordinate wird deutlich, dass die Energielandschaften (siehe Abbildung 4.36) markante Maxima und Minima besitzen, im Gegensatz zu den vorherigen Simulationen anderer Strukturen, die sehr glatte Profile aufwiesen. Auch hier sind die globalen Minima, welche auf die nativen Faltungszustände schließen, für die beiden Temperatursimulationen unterschiedlich. In der Simulation bei 400 K ist das erste Minimum bei 1,1 nm lokalisiert, während es in der Simulation bei 450 K bei 1,2 nm auftritt. Ein weiteres Minimum tritt bei beiden Simulationen bei 1,4 nm auf, wobei dieses im

400 K Szenario markanter ist. Bei der Simulation mit 400 K zeigt sich darüber hinaus ein drittes Minimum bei 1,7 nm, welches bei 450 K nicht erscheint. Entsprechend sind die Positionen der Übergangszustände wie folgt: Für beide Simulationen existiert ein Übergangszustand bei 1,35 nm, und ein weiterer spezifisch für die 400 K Simulation bei 1,65 nm. Bei Betrachtung der zeitlichen Entwicklung der Reaktionskoordinate (siehe Abbildung 4.37) wird deutlich, dass es bei der niedrigeren Temperatur nur geringe Schwankungen gibt, obwohl einige Auf- und Abstiege um etwa 2000 ps, 4500 ps und 7500 ps auszumachen sind. Im Gegensatz dazu weist die 450 K Simulation deutlichere Schwankungen auf, insbesondere um etwa 1000 ps und 3000 ps.

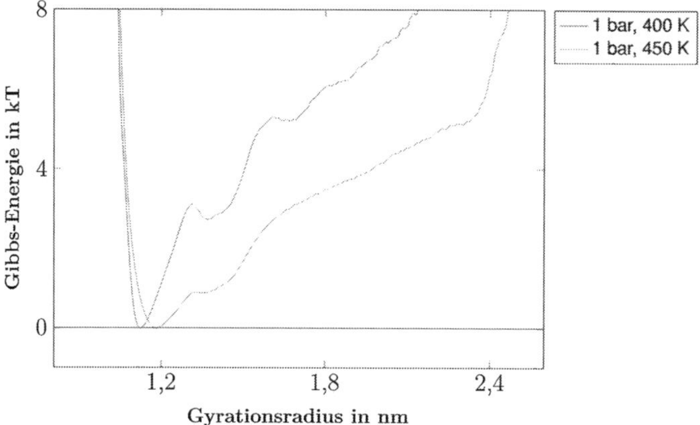

Abbildung 4.36 Gibbs-Energie als Funktion vom Gyrationsradius bei 1 bar und Temperaturen von 400 und 450 K mit einer Binbreite von 0,01 nm und nach Glättung der Daten mit dem gleitenden Mittelwert

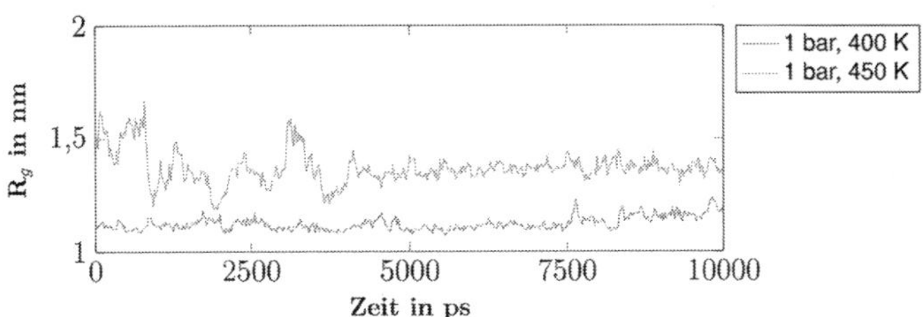

Abbildung 4.37 Zeitliche Änderung des Gyrationsradius über 10 ns für Simulationen des 1enh zwischen 400 K und 450 K

4.6.5 SASA

Der zeitliche Verlauf der simulierten 20 μs Trajektorie für die ersten 10 ns (siehe Abbildung 4.38) zeigt in beiden Simulationen erhebliche Schwankungen. In der 400 K Simulation treten besonders ausgeprägte Anstiege und Abfälle auf, die sich bei etwa 1000 ps, 3000 ps und 3500 ps entlang der Zeitachse befinden. Im Gegensatz dazu sind bei der 450 K Simulation solche markanten Veränderungen weit weniger stark ausgeprägt. Betrachtet man die Energielandschaft (siehe Abbildung 4.39), so ist, wie auch schon bei den anderen betrachteten Strukturen, der Verlauf sehr flach. Dadurch können mögliche Entfaltungszustände und Übergangszustände nicht über das Energieprofil ermittelt werden. Lediglich bei der 400 K Simulation kann argumentiert werden, dass sich bei 66 nm^2 ein lokales Minimum andeutet. Das globale Minimum, welches den nativen Faltungszustand widerspiegelt, ist für die 400 K Simulation bei 46 nm^2 verortet und für die 450 K Simulation bei 52 nm^2.

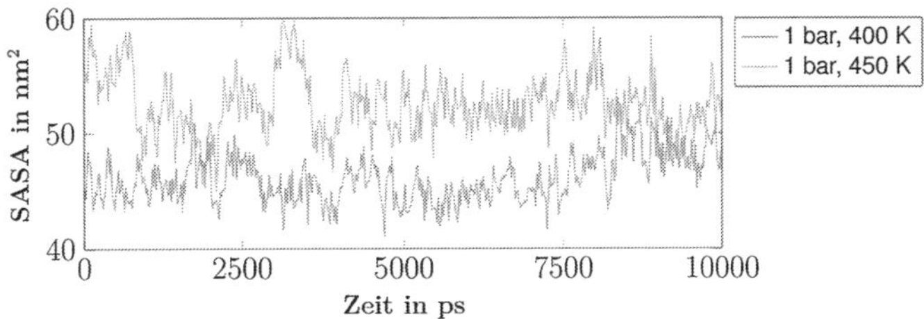

Abbildung 4.38 Zeitliche Änderung des SASA über 10 ns für Simulationen des 1enh zwischen 400 K und 450 K

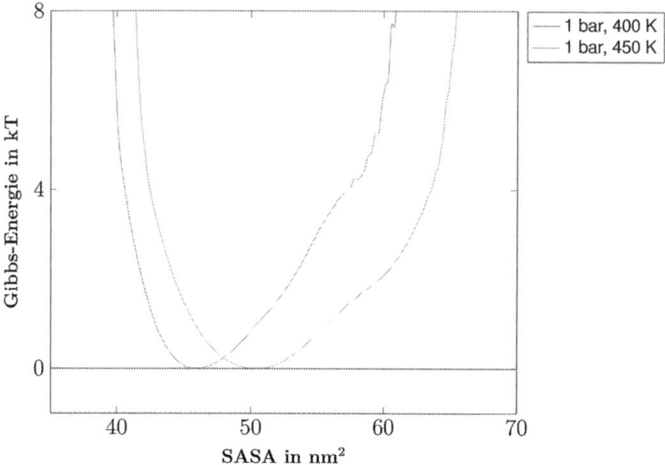

Abbildung 4.39 Gibbs-Energie als Funktion vom SASA bei 1 bar und Temperaturen von 400 und 450 K mit einer Binbreite von 0,01 nm und nach Glättung der Daten mit dem gleitenden Mittelwert

4.7 Vergleich der Reaktionskoordinaten

In Tabelle 4.4 sind die diversen möglichen Zustände von Ala_9, gemittelt über alle Simulationen dargestellt. Zusätzlich werden die Zusammenfassungen für die Strukturen YQNPDGSQA (Tabelle 4.5) und 1enh (Tabelle 4.6) bereitgestellt.

Tabelle 4.4 Position der möglichen Ala_9-Zustände für alle Reaktionskoordinaten anhand der Energielandschaften

	d_{e2e} in nm	d_H in nm	RMSD in nm	R_G in nm	SASA in nm^2
Nativer Zustand	1,4	0,32	0,11	nicht eindeutig	nicht eindeutig
Entfalteter Zustand	0,62	0,87	0,44	nicht eindeutig	nicht eindeutig
Übergangszustand	0,83	0,5	0,15	nicht eindeutig	nicht eindeutig
Weitere Minima	0,25	0,32	0,25	–	–
Weitere Maxima	0,72	0,36	0,38	–	–

Tabelle 4.5 Position der möglichen YQNPDGSQA-Zustände für alle Reaktionskoordinaten anhand der Energielandschaften

	d_{e2e} in nm	d_H in nm	RMSD in nm	R_G in nm	SASA in nm^2
Nativer Zustand	1,6	0,35	0,55	0,6	12,3
Entfalteter Zustand	0,5	1	0,2	–	–
Übergangszustand	0,7	0,55	0,25	–	–
Weitere Minima	0,2	0,7	–	–	–
Weitere Maxima	0,35	0,78	–	–	–

Tabelle 4.6 Position der möglichen 1enh-Zustände für alle Reaktionskoordinaten anhand der Energielandschaften. Hierbei wurde die Tabelle um die Temperatur ergänzt, da sich die Werte teilweise unterscheiden

	Temp. in K	d_{e2e} in nm	d_H in nm	RMSD in nm	R_G in nm	SASA in nm^2
Nativer Zustand	400	2,7	0,65	1,2	1,1	46
	450		0,73	0,7	1,2	52
Entfalteter Zustand	400	0,5	0,55	1	1,4	–
	450			1,2		
Übergangszustand	400	0,6	0,6	1,35 und 1,65	–	–
	450			1,35		
Weitere Minima	400	0,2	–	–	1,7	–
	450	1,3				
Weitere Maxima	400	0,3	–	–	1,65	–
	450					

Die Resultate, die sich auf die Reaktionskoordinaten Gyrationsradius und SASA beziehen, weisen folglich einige Unvollständigkeiten auf, da Entfaltungs- und Übergangszustände durch diese Reaktionskoordinaten nicht ausreichend präzise erkannt werden können. Anhand der Daten bilden einige Reaktionskoordinaten weitere Maxima und Minima aus, welche Zwischenprodukte der Helices (bzw. β-Faltblätter) darstellen können.

Im Gegensatz dazu liefern sowohl die Verteilung des RMSDs als auch die Länge der nativen Wasserstoffbrücken eine präzise Darstellung des Übergangszustands. Die Kurven des RMSDs und der Länge der nativen Wasserstoffbrücken weisen Minima im gefalteten und entfalteten Zustand auf, mit einem ausgeprägten Maximum dazwischen, welches mutmaßlich den Übergangszustand beschreibt. Daher sind diese beiden Reaktionskoordinaten geeignet zur Charakterisierung der Proteinentfaltung. Darüber hinaus offenbaren die zeitlichen Profile dieser Reaktionskoordinaten mögliche Zwischenzustände und deren Übergänge. Die Schwankungen der RMSD-Werte sind dabei erheblich schneller und häufiger als jene der Wasserstoffbrückenlängen. Dies liegt möglicherweise daran, dass das RMSD Änderungen der Position sämtlicher Atome einbezieht. Besonders bei den analysierten, sehr kleinen Polypeptiden könnten minimale Positionsänderungen bereits bedeutende Einflüsse auf das RMSD haben. Die Länge der nativen Wasserstoffbrücken könnte hingegen relativ konstant bleiben, selbst wenn es bereits Verschiebungen in den RMSD-Werten gibt.

Im Rahmen der Reaktionskoordinate des Ende-zu-Ende-Abstands ist es nicht möglich, den entfalteten Zustand eindeutig zu bestimmen. Dies liegt daran, dass im entfalteten Zustand eine Vielzahl von Orientierungen angenommen werden kann. Folglich können die Endpunkte in beliebige Richtungen weisen, was bedeutet, dass auch Konfigurationen möglich sind, die den Abständen der nativen Struktur entsprechen. Dies würde zu Missverständnissen bei der Analyse möglicher Entfaltungszustände führen. Des Weiteren lassen sich Übergangszustände mit dem Ende-zu-Ende-Abstand nur schwer identifizieren. Auch bei der dynamischen Betrachtung des Ende-zu-Ende-Abstands sind keine spezifischen Zustände erkennbar.

Der Abstand zwischen den Endpunkten, der Gyrationsradius und die durch Lösungsmittel zugängliche Oberfläche (SASA) bieten sich als Reaktionskoordinaten für die analysierten Moleküle an, erweisen sich jedoch nur bedingt als aussagekräftig in Bezug auf mögliche Protein-Faltungsmechanismen. Dennoch können diese Reaktionskoordinaten in anderen Kontexten zu besseren Resultaten führen, da sie den Vorteil haben, kein Vorwissen zu erfordern. Eine signifikant leistungsfähigere Option sind die Reaktionskoordinaten RMSD und die mittlere Länge der nativen Wasserstoffbrückenbindungen. Diese bieten eine vielversprechende qualitative Beschreibung der Energielandschaft, die die Erkennung metastabiler Zustände und Übergangszustände ermöglicht. Neben der Tatsache, dass die mittlere Wasserstoffbrückenlänge intuitiv verständlich ist, erweist sich RMSD in dieser Untersuchung als eine gleichwertige Reaktionskoordinate.

4.8 Entfaltungsvideo

Um eine Vorstellung von den Entfaltungsmechanismen zu bekommen, wird im Rahmen dieser Arbeit für jedes der drei Polypeptide ein Entfaltungsvideo erstellt. Dafür wird das Darstellungsprogramm PyMOL verwendet. Dieses stellt eine Möglichkeit der Entfaltung dar und darf nicht als einzig mögliche Entfaltung verstanden werden. Des Weiteren sind die Videos auch nur für jeweils eine bestimmte, frei wählbare Simulationsbedingung, siehe Tabelle 4.7, erzeugt worden. Im Folgenden wird nun das Vorgehen zur Erstellung des Videos anhand des Polypeptids 1enh exemplarisch dargestellt, für die anderen Strukturen verläuft das Verfahren gleich.

Tabelle 4.7 Frei gewählte Simulationsparameter für die Erstellung der Entfaltungsvideos

Polypeptid	Druck in bar	Temperatur in K
Ala_9	1	300
YQNPDGSQA	1	350
1enh	1	450

Wie in Abschnitt 2.4 schon erklärt, haben die hier verwendeten Simulationsboxen periodische Randbedingungen. Das führt dazu, dass die Struktur während der Simulation genau am Rand der Box sein kann und dadurch durch PyMOL in der Darstellung „zerrissen" wird. Ein Beispiel dafür ist anhand der Struktur YQNPDGSQA in Abbildung 4.40 dargestellt. Um das zu verhindern, muss sich die Struktur frei in der Box bewegen. Diese soll dafür immer im Zentrum der Simulationsbox verweilen. Dafür wird die simulierte Trajektorie in der Software GROMACS mit dem folgenden Befehl bearbeitet.

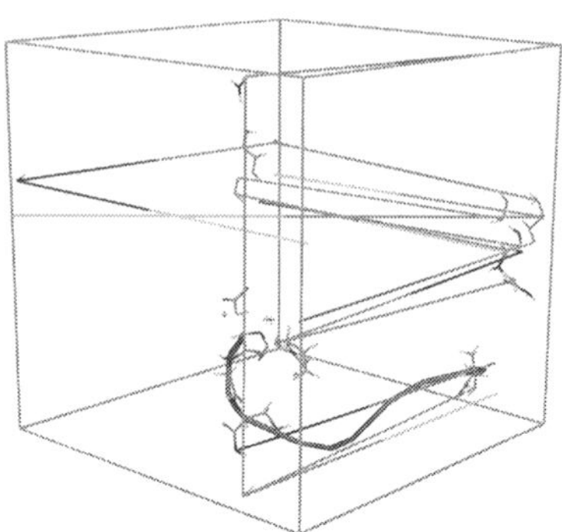

Abbildung 4.40 Hier ist das YQNPDGSQA innerhalb der Simulationsbox ohne Sekundärstruktur dargestellt. Zu sehen ist, dass sich die Struktur an den Rändern der Box befindet, sodass es in der Darstellung „auseinandergerissen" wird

```
$GMX trjconv -f $JOB.xtc -s $TPR.tpr -o $JOB'_center'.xtc -center -pbc mol -e 3000 << END
1
1
END
```

Hierbei entspricht die Option **-f** $JOB.xtc der Trajektorie, die Option **-s** $TPR.tpr enthält die Startstruktur der Simulation und die Option **-o** $JOB'_center'.xtc erzeugt eine Ausgabedatei im xtc-Format. Des Weiteren verursacht die Verwendung der Option **-center**, dass das System in der Box zentriert wird und **-pbc mol** setzt den Massenschwerpunkt der Moleküle in die Box mit periodischen Randbedingungen (hierfür wird die Option **-s** als Referenz verwendet). Die Option **-e** gibt die Zeit des letzten Frames der Trajektorie an. Der Befehl kann um die Option **-b** erweitert werden, dieser würde den ersten Frame der Trajektorie angeben. Mit **-b** und **-e** lassen sich somit ein Ausschnitt aus der ursprünglichen Trajektorie herausschneiden.

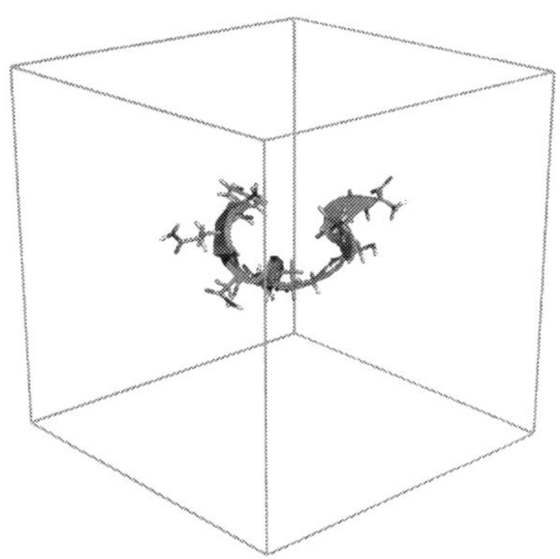

Abbildung 4.41 Hier ist das YQNPDGSQA innerhalb der Simulationsbox inklusive der Sekundärstruktur dargestellt. Dieses befindet sich nach Ausführen des Befehls 4.8 im Zentrum der Simulationsbox

Nach der Ausführung des Befehls befindet sich die Struktur im Zentrum der Box (siehe Abbildung 4.41). Für die Erstellung des Videos ist es nun noch von Vorteil, dass die Struktur innerhalb des Simulationsraumes weder rotiert noch Translationen vorkommen, um eine gleichbleibende Orientierung der Struktur zu gewährleisten. Wichtig ist, dass dies explizit nur für das Video gilt, da sich in der Box noch Wasser als Medium befindet und die Struktur mit den Atomen von den Wassermolekülen interagiert. Das führt im Normalfall dazu, dass eben diese Rotationen und Translationen in der Box vorkommen, da Anziehungs- und Abstoßungskräfte zwischen allen Atomen in der Box stattfinden. Der Befehl zum Verhindern der Translation und Rotation lautet:

```
$GMX trjconv -f $JOB'_center'.xtc -s $TPR.tpr -o
    $JOB'_fin'.pdb -fit rot+tran << END
1
1
END
```

Dieser verwendet als Inputdatei die aus dem Befehl 4.8 ausgegebene Datei und gibt eine Datei im pdb-Format aus, welche später von PyMOL gelesen werden kann. Die Option **-fit rot+trans** fittet die Struktur mit der Referenzstruktur **-s** $TPR.tpr bezüglich der Rotation und Translation.

Ab diesem Zeitpunkt wird in der Erstellung des Videos in PyMOL fortgefahren. Dort wird die pdb-Datei zunächst geladen und mit dem Befehl *dss* und *show cartoon* als Cartoon-Darstellung angezeigt. An einigen Stellen muss dabei händisch nachgeholfen werden, die richtige Cartoondarstellung zu wählen, um die Sekundärstruktur richtig darzustellen. Um später eine ausreichend gute Auflösung zu erzielen, muss mit *viewport 1280, 720* die Darstellungsgröße verändert werden. Für noch bessere Ergebnisse können auch die Werte 1920, 1080 gewählt werden, dies kann jedoch je nach verwendetem Rechner dazu führen, dass das Video aufgrund der fehlenden Rechenleistung nicht erstellt werden kann. In der Theorie lassen sich hiermit auch Videos in 4k Bildqualität (mit den Werten 3840, 2160) erzeugen.

Im nächsten Schritt werden die Raytracing-Eigenschaften festgelegt, dafür muss der verwendete Computer die Verwendung hiervon unterstützen.

```
set ray_trace_frames, 1
set ray_trace_mode, 0
```

Mit der ersten Zeile wird Raytracing für jedes erzeugte Frame aktiviert, die zweite Zeile wählt den Colormode aus. Hierbei ist Mode 0 der Modus für normale Farben. Anschließend muss der Befehl *smooth* ausgeführt werden, damit die einzelnen Frames flüssig ineinander übergehen, ohne dass große Sprünge sichtbar sind. Bevor das Video erzeugt wird, werden noch die restlichen Atome der Struktur als Stick dargestellt. Dafür werden die Befehle

```
show stick
set stick_radius, 0.15
```

eingegeben. Der erste Befehl führt dazu, dass die restlichen Atome in Stickdarstellung dargestellt werden, und der zweite Befehl setzt den Radius der Sticks auf einen Wert von 0,15. Dieser Wert kann frei gewählt werden, ermöglicht aber bei 0,15 eine gute Unterscheidung zwischen Sekundärstruktur am Backbone des Polypeptids und den restlichen Atomen. Nun kann das Video über die Console von PyMOL erstellt werden. Dafür wird im Menü **File** → **Save Movie As** → **MPEG** gewählt, um das Video zu speichern. Die Erstellung kann einige Zeit in Anspruch nehmen, je nach Rechenleistung des verwendeten Computers.

Als nächstes werden alle vorher beschriebenen Schritte erneut für die native Struktur wiederholt, da es sich hierbei um keine Trajektorie handelt, sondern um eine Röntgenstruktur, die nur aus einem Zustand besteht. Dafür müssen vor allen vorher genannten Befehlen der Befehl *mset 1 x n* in PyMOL ausgeführt werden. Hierbei soll *n* gleich der Anzahl der Zustände der simulierten Struktur entsprechen. Dadurch werden genau *n* viele exakt gleiche Frames erzeugt. Vor dem Befehl *smooth* können dann noch die Befehle

```
turn y, 2
util.mroll 1, n
```

ausgeführt werden, die dazu führen, dass sich die native Struktur um die y-Achse in zwei Grad Schritten pro Frame (hierfür muss *n* wieder so groß gewählt werden, wie bei Befehl *mset*) dreht. Das wird aus dem Grund gemacht, damit die dreidimensionale Struktur besser wahrgenommen werden kann. Nach der Erstellung des zweiten Videos können beide Teilvideos mit Hilfe einer beliebigen Videoschnittsoftware in ein Video integriert werden. Zusätzlich können auch Beschriftungen hinzugefügt werden, wie in Abbildung 4.42 zu sehen ist.

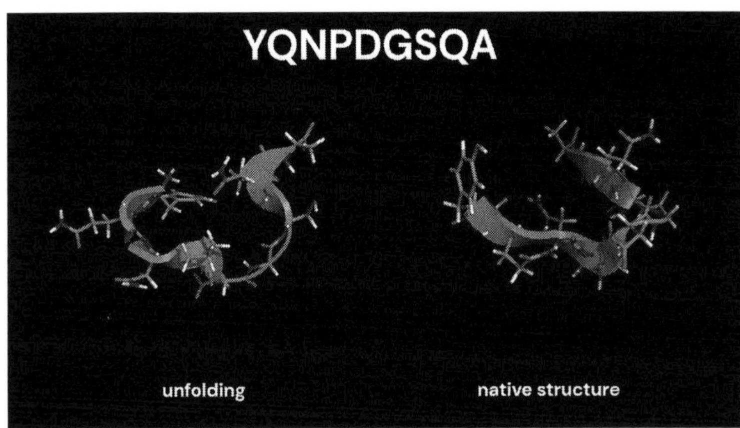

Abbildung 4.42 Schaubild für das erstellte Video für die Struktur YQNPDGSQA. Auf der linken Seite kann dabei die Entfaltung der simulierten Struktur beobachtet werden und auf der rechten Seite ist die native Struktur als Referenz dargestellt, die sich um die y-Achse dreht

4.8.1 Videos für die einzelnen Reaktionskoordinaten

Neben den Entfaltungsvideos für die einzelnen Strukturen können auch Videos erstellt werden, die die Änderung der Reaktionskoordinaten darstellen. Insbesondere zu Lehrzwecken können diese doch abstrakten Reaktionskoordinaten einfacher verstanden werden. Für die Reaktionskoordinaten Gyrationsradius und das RMSD wurden keine Videos erstellt, da noch keine passende Darstellungsform gefunden worden ist. Grundlegend ist der Vorgang vergleichbar mit dem Erstellen der Entfaltungsvideos. Lediglich müssen je Reaktionskoordinate einige vorbereitende Schritte unternommen werden.

Um bei den Reaktionskoordinaten für den Wasserstoffbrückenbindungsabstand und den Ende-zu-Ende-Abstand (siehe Abbildung 4.43) in den Videos die Abstände als Linie darzustellen, müssen diese in PyMOL eingetragen werden. Hierbei sollte das Programm vorab von der Residuenauswahl auf die Atomauswahl umgestellt werden. Danach navigiert man über die Menüleiste zu ***Wizzard*** → ***Measurement*** und wählt nacheinander die jeweiligen Donor- und Akzeptoratome aus. Für jede Wasserstoffbrücke muss die Funktion ***Distanz messen*** genutzt werden, um gestrichelte Linien zu erzeugen. Im Anschluss kann das Erscheinungsbild angepasst werden, indem der Abstand der gestrichelten Linie auf null gesetzt und der Radius der Linie auf den Wert 3 eingestellt wird (siehe Abbildung 4.44).

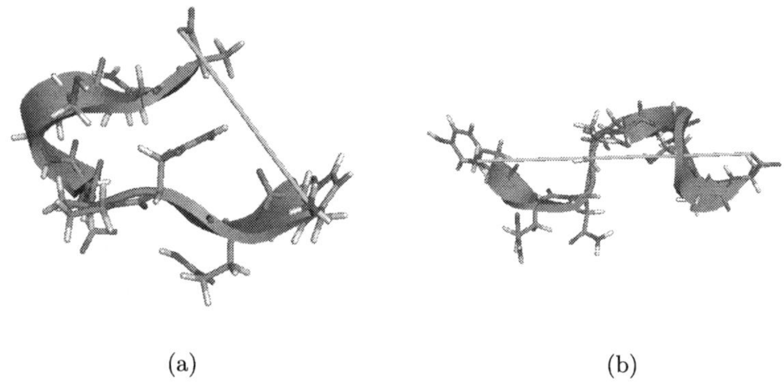

(a) (b)

Abbildung 4.43 (a) Ende-zu-Ende-Abstand der nativen Konfiguration und (b) eines möglichen entfalteten Zustand jeweils dargestellt durch Linien

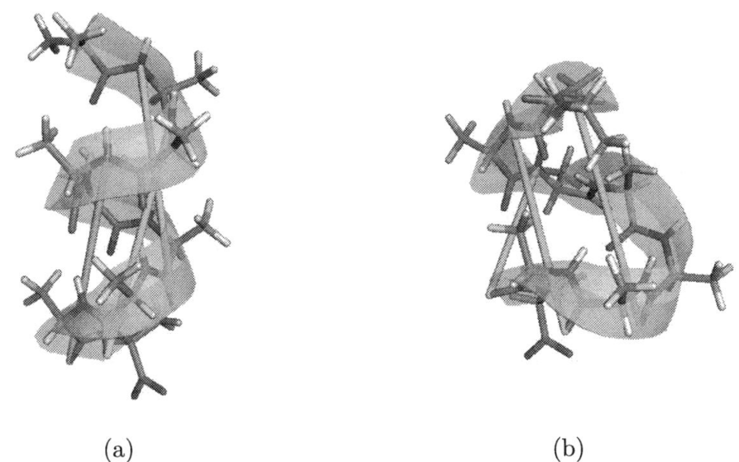

(a) (b)

Abbildung 4.44 (a) Wasserstoffbrückenbindungsabstand der nativen Konfiguration und (b) eines möglichen entfalteten Zustand jeweils dargestellt durch Linien

Für die Reaktionskoordinate SASA, wird die Surface-Darstellung von PyMOL verwendet. Diese kann einfach mit

```
show surface
```

aufgerufen werden (siehe Abbildung 4.45). Anschließend wird die Oberfläche ausgegeben und kann sich über den Menüpunkt ***A*** → ***compute*** → ***surface area*** → ***solvent accessible*** berechnen. Diese Werte können auch als Label hinzugefügt werden.

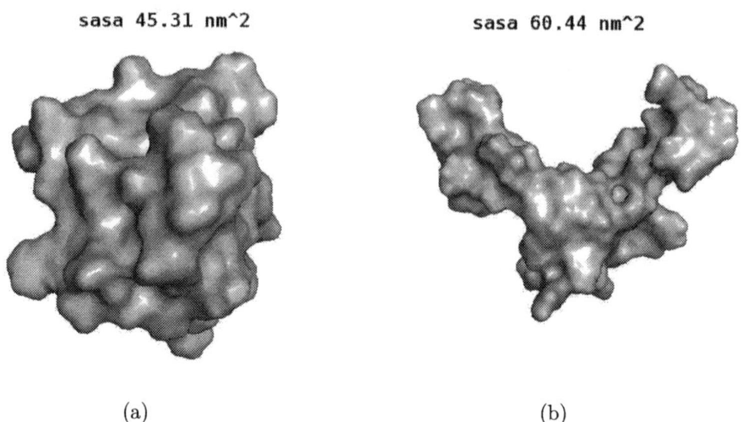

Abbildung 4.45 Darstellung für das Entfaltungsvideo vom SASA anhand der Beispielstruktur 1enh. (a) Native Struktur mit einer Oberfläche von 45,31 nm^2 und (b) eine mögliche entfaltete Struktur bei 450 K und 1 bar Druck mit einer Oberfläche von 60,44 nm^2

Zusammenfassung und Ausblick 5

Das Ziel dieser Masterarbeit bestand darin, verschiedene Reaktionskoordinaten hinsichtlich ihrer Effektivität bei der Analyse der Proteinentfaltung zu vergleichen und einen Einblick in mögliche Entfaltungprozesse zu bekommen.

Hierfür wurden Trajektorien mit einem Zeitschritt von 0.001 ps über einen Zeitraum von 10 μs simuliert, einschließlich einer rechtsdrehenden Ala_9-Peptidhelix, dem YQNPDGSQA, welches eine Struktur mit einer 3:5-β-Schleife formt, sowie dem kleinen Protein 1enh. Fünf spezifische Reaktionskoordinaten wurden zur Analyse der drei Simulationen genutzt:

1. Die Wasserstoffbrückenlängen
2. Die RMSD-Werte
3. Der Abstand von Ende zu Ende
4. Der Radius der Gyration
5. Die Lösungsmittel zugängliche Oberfläche (SASA)

Im initialen Schritt wurden die Wasserstoffbrücken in ihrer nativen Konfiguration festgelegt, um die Reaktionskoordinate bezüglich der Wasserstoffbrückenlänge der Peptide zu bestimmen. Anschließend wurde die Gibbs-Energie für sämtliche Reaktionskoordinaten berechnet. Zudem wurden die Gibbs-Energien für die weiteren in Frage kommenden Reaktionskoordinaten bestimmt, um die resultierenden Energielandschaften miteinander zu vergleichen. Bei den Reaktionskoordinaten Gyrationsradius und SASA ist kein Vorwissen erforderlich. Hingegen wird bei der Wasserstoffbrückenlänge, dem Ende-zu-Ende-Abstand und dem RMSD a-priori Wissen in Form von Vergleichsstruktur und Definition der Wasserstoffbrücken, welche die native Konformation stabilisieren, benötigt (sowie die Referenzierung

Y. Kasprzak, *Vergleich verschiedener Reaktionskoordinaten in MD-Simulationen anhand der Polypeptide Ala9, YQNPDGSQA und 1enh*, BestMasters,
https://doi.org/10.1007/978-3-658-49140-6_5

des Atoms am C-Terminus auf einer und dem am N-Terminus auf der anderen Seite der Struktur).

Insbesondere für das Ala_9 sollten zukünftig Simulationen unter identischen Bedingungen mit den gleichen Berechnungen durchgeführt werden, wie dies bei den anderen beiden Strukturen geschah. Auch die bisher nur am Ala_9 vorgenommenen Drucksimulationen können für YQNPDGSQA und 1enh durchgeführt werden, um zu prüfen, ob diese Strukturen unter hohem Druck (bezogen auf die hier untersuchten Reaktionskoordinaten) eine vergleichbare Leistung wie bei den Temperatursimulationen zeigen.

In allen drei Simulationen sind die energetischen Verläufe entlang der Reaktionskoordinate grundsätzlich ähnlich, doch im direkten Vergleich unterscheiden sie sich in ihrer qualitativen Aussagekraft deutlich. Insbesondere erweisen sich die Reaktionskoordinaten für den Gyrationsradius und die lösungsmittelzugängliche Oberfläche (SASA) als weniger geeignet, den Mechanismus der Proteinfaltung zu beobachten. Die erzeugten Energielandschaften aus diesen Simulationen sind so homogen, dass es unmöglich ist, Entfaltungszustände oder metastabile Übergangszustände zu identifizieren. Auch die Reaktionskoordinate für den Ende-zu-Ende-Abstand zeigt Schwächen in ihrer Aussagekraft bezüglich Entfaltungen, da sie während der Simulation Zeiträumen unterliegt, in denen Konformationen angenommen werden können, deren Endabstand dem im nativen Zustand entspricht. Dies kann zu Fehlinterpretationen der Ergebnisse führen.

Im Gegensatz dazu erweisen sich die Reaktionskoordinaten der Länge der Wasserstoffbrückenbindungen und das RMSD als besonders geeignet für Molekulardynamik-Simulationen zur Analyse von Entfaltungsmechanismen in Proteinen. Diese Reaktionskoordinaten zeigten über alle Simulationen hinweg und für alle drei geprägten Strukturen die beste Leistung, indem sie Entfaltungs- und metastabile Übergangszustände in Energieprofilen klar erkennbar machten. Diese Zustände wurden ebenfalls in den zeitlichen Verläufen der simulierten Trajektorien beobachtet.

Im Rahmen der Untersuchung der Energielandschaften, die sich entlang der unterschiedlichen Reaktionspfade der drei besprochenen Strukturen erstrecken, wurden Videos erstellt, um den Entfaltungsprozess zu visualisieren und somit diesen komplexen Vorgang besser verständlich zu machen.

In zukünftigen Projekten könnten zusätzliche Reaktionskoordinaten zur Proteinentfaltung analysiert und verglichen werden. Darüber hinaus sollte die Korrelation zwischen den in dieser Studie untersuchten Reaktionskoordinaten durchgeführt werden, um mögliche Abhängigkeiten zu identifizieren. Eine Korrelation zwischen dem Gyrationsradius und der SASA wäre besonders interessant, da beide Maße die räumliche Strukturgröße beschreiben. Ebenso könnte ein Zusammenhang zwischen dem Ende-zu-Ende-Abstand und der Wasserstoffbrückenlänge bestehen, da beide Maße Abstände bewerten. Es wäre zudem sinnvoll, die analysierten Reaktionskoordinaten auf die Entfaltungssimulation eines größeren, im menschlichen Körper vorkommenden Peptides anzuwenden, um zusätzliche Einblicke in Parameterzusammenhänge zu gewinnen.

Die hier erstellten Entfaltungsvideos könnten weiter optimiert werden, indem längere Simulationszeiten verwendet werden, was zu gleichmäßigeren Ergebnissen führen könnte, die für das grundlegende Verständnis der Proteinfaltung von Bedeutung sind. Weiterhin sollten Möglichkeiten zur Visualisierung der Reaktionskoordinaten RMSD und Gyrationsradius entwickelt werden.

Die hier gewonnenen Daten zur Proteinfaltung bieten wertvolle Einblicke, die für die Entwicklung innovativer biotechnologischer Anwendungen genutzt werden können. So besteht die Möglichkeit, durch diese Erkenntnisse neuartige Medikamente zu konzipieren, welche die Proteinfaltung beeinflussen und somit die Entstehung von Krankheiten verhindern könnten.

Literaturverzeichnis

1. Jeremy M Berg, John L Tymoczko, et al. *Stryer biochemie*, volume 8. Springer, 2018. https://doi.org/10.1007/978-3-662-54620-8.
2. Gian Luigi Gigli, Francesco Janes, Gaia Pellitteri, Chiara Ciardi, Martina Fabris Andrea Bernardini and Mariarosaria Valente. Creutzfeldt-jakob disease after covid-19: infection-induced prion protein misfolding? a case report. *Prion*, 16(1):78–83, 2022. https://doi.org/10.1080/19336896.2022.2095185.
3. Zeinab Breijyeh and Rafik Karaman. Comprehensive review on alzheimer's disease: Causes and treatment. *Molecules*, 25(24), 2020. https://doi.org/10.3390/molecules25245789, URL: https://www.mdpi.com/1420-3049/25/24/5789.
4. David Van Der Spoel, Erik Lindahl, Berk Hess, Gerrit Groenhof, Alan E. Mark, and Herman J. C. Berendsen. Gromacs: Fast, flexible, and free. *Journal of Computational Chemistry*, 2005. https://doi.org/10.1002/jcc.20291, URL: https://manuallibrary.wiley.com/doi/abs/10.1002/jcc.20291, Zuletzt besucht am: 13.09.2023.
5. Hauke Paulsen. *Vorlesungs Script zur Theoretischen Biophysik*. Universität zu Lübeck, 2023.
6. J. Rogal. Reaction coordinates in complex systems-a perspective. *European Physical Journal B*, 2021. https://doi.org/10.1140/epjb/s10051-021-00233-5.
7. Verena Hirschfeld, Hauke Paulsen, and Christian G. Hübner. The spectroscopic ruler revisited at 77 K. *Physical Chemistry Chemical Physics*, 15(40):17664, 2013. https://doi.org/10.1039/c3cp51106e.
8. Robert Langridge, Thomas E. Ferrin, Irwin D. Kuntz, and Michael L. Connolly. Real-time color graphics in studies of molecular interactions. *Science*, 211(4483):661–666, 1981. https://doi.org/10.1126/science.7455704.
9. Harald Lesch. *Zur thermodynamischen Stabilität von Proteinen*. PhD thesis, Technische Universität München, 2003. URL: https://mediatum.ub.tum.de/602982.
10. Hamed Meshkin and Fangqiang Zhu. Thermodynamics of Protein Folding Studied by Umbrella Sampling along a Reaction Coordinate of Native Contacts. *Journal of Chemical Theory and Computation*, 13(5):2086–2097, 2017. https://doi.org/10.1021/acs.jctc.6b01171.

Y. Kasprzak, *Vergleich verschiedener Reaktionskoordinaten in MD-Simulationen anhand der Polypeptide Ala9, YQNPDGSQA und 1enh*, BestMasters,
https://doi.org/10.1007/978-3-658-49140-6

11. Michael Schmuker Uli Fechner, Steffen Renner. *RMSD*. https://roempp.thieme.de/lexicon/RD-18-02334, Zuletzt besucht: 18.09.2023.
12. Cihan Ayaz, Lucas Tepper, Florian N. Brünig, Julian Kappler, Jan O. Daldrop, and Roland R. Netz. Non-markovian modeling of protein folding. *Proceedings of the National Academy of Sciences*, 118(31):e2023856118, 2021. https://doi.org/10.1073/pnas.2023856118, URL: https://www.pnas.org/doi/abs/10.1073/pnas.2023856118.
13. Samuel H Gellman. Minimal model systems for β-sheet secondary structure in proteins. *Current Opinion in Chemical Biology*, 2(6):717–725, 1998. https://doi.org/10.1016/S1367-5931(98)80109-9.
14. N. D. Clarke, C. R. Kissinger, J. Desjarlais, G. L. Gilliland, and C. O. Pabo. STRUCTURAL STUDIES OF THE ENGRAILED HOMEODOMAIN, 1994. https://doi.org/10.2210/pdb1ENH/pdb, URL: https://rcsb.org/structure/1enh, Zuletzt besucht am: 17.09.2024.
15. Hauke Paulsen. *Vorlesungs Script zur Moleküldynamik*. Universität zu Lübeck, 2023.
16. R. G. Woolley and B. T. Sutcliffe. Molecular structure and the born—oppenheimer approximation. *Chemical Physics Letters*, 45(2):393–398, 1977. https://doi.org/10.1016/0009-2614(77)80298-4, URL: https://www.sciencedirect.com/science/article/pii/0009261477802984.
17. M. Born and R. Oppenheimer. Zur quantentheorie der molekeln. *Annalen der Physik*, 389(20):457–484, 1927. https://doi.org/10.1002/andp.19273892002, URL: https://onlinelibrary.wiley.com/doi/abs/10.1002/andp.19273892002.
18. Daniel ca. 1819–1892; Motte Andrew d. 1730; Hill Theodore Preston Chittenden, N. W. Life of Sir Isaac Newton; Adee. Newton's principia : the mathematical principles of natural philosophy. *Published by Daniel Adee*, 1846. URL: https://archive.org/details/newtonspmathema00newtrich/page/n151/mode/2up, Zuletzt besucht am: 20.11.2024.
19. Loup Verlet. Computer ëxperimentsön classical fluids. i. thermodynamical properties of lennard-jones molecules. *Phys. Rev.*, 159:98–103, Jul 1967. https://doi.org/10.1103/PhysRev.159.98, URL: https://link.aps.org/doi/10.1103/PhysRev.159.98.
20. William C. Swope, Hans C. Andersen, Peter H. Berens, and Kent R. Wilson. A computer simulation method for the calculation of equilibrium constants for the formation of physical clusters of molecules: Application to small water clusters. *The Journal of Chemical Physics*, 76(1):637–649, 1982. https://doi.org/10.1063/1.442716.
21. Karlsruher Institut für Technologie. *Molekulardynamische Simulation von Peptiden*. URL: https://www.ipc.kit.edu/download/A57_2015.pdf, Zuletzt besucht: 25.09.2023.
22. Wikimedia. *Morse-Potential*. URL: https://commons.wikimedia.org/w/index.php?curid=660816, Zuletzt besucht: 25.09.2023.
23. Jürgen Schatz. *Übungsbuch Chemie für Mediziner*. Springer, 2017. https://doi.org/10.1007/978-3-662-53488-5_14.
24. H.C. Hamaker. The london—van der waals attraction between spherical particles. *Physica*, 4(10):1058–1072, 1937. https://doi.org/10.1016/S0031-8914(37)80203-7.
25. Kevin Gregor Lengsfeld. *Van-der-Waals-Wechselwirkungen: Präzise Struktur und Dynamik von Molekülen*. PhD thesis, Hannover: Institutionelles Repositorium der Leibniz Universität Hannover, 2022. https://doi.org/10.15488/12260.
26. W. F. van Gunsteren, H. J. C. Berendsen. Moleküldynamik-computersimulationen; methodik, anwendungen und perspektiven in der chemie. *Angew. Chem.*, 102:1020–1055, 1990. https://doi.org/10.1002/ange.19901020907.

27. Kun Zhou and Bo Liu. Chapter 1 – fundamentals of classical molecular dynamics simulation. In *Molecular Dynamics Simulation*, pages 1–40. Elsevier, 2022. https://doi.org/10.1016/B978-0-12-816419-8.00006-4, URL: https://www.sciencedirect.com/science/article/pii/B9780128164198000064.
28. Jan Kierfeld. *Computational Physics*, 2022. URL: https://cmt.physik.tu-dortmund.de/storages/cmt-physik/r/kierfeld/lecture_notes/kierfeld_CompPhys.pdf, Zuletzt besucht: 01.10.2024.
29. H. Bekker. Unification of box shapes in molecular simulations. *Journal of Computational Chemistry*, 18(15):1930–1942, 1997. https://doi.org/10.1002/(SICI)1096-987X(19971130)18:15<1930::AID-JCC8>3.0.CO;2-P, URL: https://manuallibrary.wiley.com/doi/abs/10.1002/%28SICI%291096-987X%2819971130%2918%3A15%3C1930%3A%3AAID-JCC8%3E3.0.CO%3B2-P.
30. Technische Universität Darmstadt. Molekulardynamiksimulationen an wasser. *Fortgeschrittenenpraktikum: Abteilung B*, 2022. URL: https://www.ipkm.tu-darmstadt.de/media/ipkm/studium_ipkm/f_praktikum/fprakt/Molekulardynamiksimulationen_an_Wasser_2022_04_07.pdf, Zuletzt besucht am: 25.09.2023.
31. Richard J. Sadus. Chapter 2 – ensembles, thermodynamic averages, and particle dynamics. In *Molecular Simulation of Fluids (Second Edition)*, pages 19–50. Elsevier, second edition edition, 2024. https://doi.org/10.1016/B978-0-323-85398-9.00016-2, URL: https://www.sciencedirect.com/science/article/pii/B9780323853989000162.
33. Torsten Schmiermund. *Die Avogadro-Konstante*. Springer Spektrum Wiesbaden, 2020. https://doi.org/10.1007/978-3-658-29279-9.
34. Wilhelm Brenig. *Gleichverteilungssatz und Virialsatz*, pages 108–111. Springer Berlin Heidelberg, Berlin, Heidelberg, 1975. https://doi.org/10.1007/978-3-642-96297-4_24.
35. Wikimedia Algertzars. Peptide coupling. URL: https://de.wikipedia.org/wiki/Peptidbindung#/media/Datei:Peptide_coupling.svg, Zuletzt besucht am: 24.11.2023.
36. Sagar Aryal. *Protein Structure- Primary, Secondary, Tertiary, and Quaternary*. URL: https://microbeurls.com/protein-structure-primary-secondary-tertiary-and-quaternary/, Zuletzt besucht am: 26.04.2024.
37. Sridhar Govindarajan and Richard A. Goldstein. On the thermodynamic hypothesis of protein folding. *Proceedings of the National Academy of Sciences*, 95(10):5545–5549, 1998 https://doi.org/10.1073/pnas.95.10.5545.
38. Daniel Klunker. *Chaperon-vermittelte Proteinfaltung in Archaea*. PhD thesis, Technische Universität München, 2003. URL: https://nbn-resolving.de/urn/resolver.pl?urn:nbn:de:bvb:91-diss2003100907689.
39. Christian Hübner. *Vorlesungs Script zur Protein Biophysik*. Universität zu Lübeck, 2022.
40. Peter William Atkins, Julio De Paula, and James Keeler. *Atkins' physical chemistry*. Oxford university press, 2023.
41. Michael Tausch. Aktivierungsenergie–was ist das? *Praxis der Naturwissenschaften – Chemie in der Schule (PdN-ChiS)*, 1985. URL: https://chemiedidaktik.uni-wuppertal.de/fileadmin/Chemie/chemiedidaktik/files/publications/pdn_1_34_85.pdf, Zuletzt besucht am: 28.11.2024.
42. M. Menzinger and R. L. Wolfgang. Bedeutung und Anwendung der Arrhenius-Aktivierungsenergie. *Angewandte Chemie*, 81(12):446–452, 1969. https://doi.org/10.1002/ange.19690811203.

43. Hans Lohninger. *pT-Phasendiagramm von Reinstoffen.* http://anorganik.chemie.vias.org/phasendiagramm_pt_reinstoffe.html, Zuletzt besucht am: 27.09.2023.
44. P. Muller. Glossary of terms used in physical organic chemistry (iupac recommendations 1994). *Pure and Applied Chemistry*, 66(5):1077–1184, 1994. https://doi.org/10.1351/pac199466051077.
45. K. J. Laidler. A glossary of terms used in chemical kinetics, including reaction dynamics (iupac recommendations 1996). *Pure and Applied Chemistry*, 68(1):149–192, 1996. https://doi.org/10.1351/pac199668010149.
46. P. Tavan H. Grubmüller. Multiple time step algorithms for molecular dynamics simulations of proteins: How good are they? *Journal of Computational Chemistry*, 1998. https://doi.org/10.1002/(SICI)1096-987X(199810)19:13%3C1534::AID-JCC10%3E3.0.CO;2-I.
47. Alessio Lapolla and Alja ž Godec. Toolbox for quantifying memory in dynamics along reaction coordinates. *Phys. Rev. Res.*, 3:L022018, May 2021. https://link.aps.org/doi/10.1103/PhysRevResearch.3.L022018.
48. Rudesh D. Toofanny, Amanda L. Jonsson, and Valerie Daggett. A Comprehensive Multidimensional-Embedded, One-Dimensional Reaction Coordinate for Protein Unfolding/Folding. *Biophysical Journal*, 98(11):2671–2681, 2010. https://doi.org/10.1016/j.bpj.2010.02.048.
49. Ronald M. Levy and Martin Karplus. Vibrational approach to the dynamics of an α-helix. *Biopolymers*, 18(10):2465–2495, 1979. https://doi.org/10.1002/bip.1979.360181008.
50. Douglas J. Tobias and Charles L. III Brooks. Conformational equilibrium in the alanine dipeptide in the gas phase and aqueous solution: a comparison of theoretical results. *The Journal of Physical Chemistry*, 96(9):3864–3870, 1992. https://doi.org/10.1021/j100188a054.
51. GROMACS development team. About gromacs. https://www.gromacs.org/about.html, Zuletzt besucht: 13.09.2023.
52. SBGrid.org. Pymol wiki. https://www.pymolwiki.org/index.php/Main_Page, Zuletzt besucht: 13.09.2024.
53. J. Rückert. Reaktionskoordinaten der Proteinentfaltung: MD-Simulationen für das 9-Alanin-Peptid, 2023. Masterarbeit.
54. Francisco J. Blanco, M. Angeles Jimenez, Jose Herranz, Manuel Rico, Jorge Santoro, and Jose L. Nieto. NMR evidence of a short linear peptide that folds into a .beta.-hairpin in aqueous solution. *Journal of the American Chemical Society*, 115(13):5887–5888, 1993. https://doi.org/10.1021/ja00066a092.
55. T D Tullius A. Draganescu. The dna binding specificity of engrailed homeodomain. *The DNA binding specificity of engrailed homeodomain*, 1998. https://doi.org/10.1006/jmbi.1997.1567.
56. J. B. Jaynes and P. H. O'Farrell. Active repression of transcription by the engrailed homeodomain protein. *The EMBO Journal*, 10(6):1427–1433, 1991. https://doi.org/10.1002/j.1460-2075.1991.tb07663.x.
57. MacKerell, Bashford, Bellott, Dunbrack, Evanseck, Field, Fischer, Gao, Guo, Ha, et al. *TIP3P water model.* https://docs.lammps.org/Howto_tip3p.html, Zuletzt besucht am: 12.12.2023.

58. Carl McBride. *TIP4P model of water*. http://www.sklogwiki.org/SklogWiki/index.php/TIP4P_model_of_water, Zuletzt besucht am: 26.09.2023.
59. C. Vega, J. L. F. Abascal, M. M. Conde, and J. L. Aragones. What ice can teach us about water interactions: a critical comparison of the performance of different water models. *Faraday Discuss.*, 141:251–276, 2009. http://dx.doi.org/10.1039/b805531a.
60. Pétur O. Heidarsson, Mohsin M. Naqvi, Punam Sonar, Immanuel Valpapuram, and Ciro Cecconi. Conformational Dynamics of Single Protein Molecules Studied by Direct Mechanical Manipulation. In *Advances in Protein Chemistry and Structural Biology*, volume 92, pages 93–133. Elsevier, 2013. https://doi.org/10.1016/B978-0-12-411636-8.00003-1.
61. Guo W., Lampoudi S., Shea J.-E. Posttransition state desolvation of the hydrophobic core of the src-sh3 protein domain. *Journal of Biophysics*, 2003. https://doi.org/10.1016/S0006-3495(03)74454-3.
62. H. Fiedler. *Wasserstoffbrückenbindung*, pages 2500–2501. Springer Berlin Heidelberg, Berlin, Heidelberg, 2019. https://doi.org/10.1007/978-3-662-48986-4_3302.
63. International Union of Pure and Applied Chemistry (IUPAC). radius of gyration. 2019. URL: https://goldbook.iupac.org/terms/view/R05121.
64. O. V. Galzitskaya M. Yu Lubanov, N. S. Bogatyreva. Radius of gyration as an indicator of protein structure compactness. *Molecular Biology*, 2008 https://doi.org/10.1134/S0026893308040195.
65. Frederic M. Richards. Areas, volumes, packing, and protein structure. *Annual Review of Biophysics*, 6(Volume 6, 1977):151–176, 1977. https://doi.org/10.1146/annurev.bb.06.060177.001055, URL: https://www.annualreviews.org/content/journals/10.1146/annurev.bb.06.060177.001055.
66. Keith Callenberg. *Accessible_surface*. https://en.wikipedia.org/wiki/Accessible_surface_area#/media/File:Accessible_surface.svg, Zuletzt besucht: 19.11.2024.
67. GROMACS development team. gro file format. https://manual.gromacs.org/archive/5.0.3/manual/gro.html, Zuletzt besucht: 22.12.2024.
68. Y. Kasprzak, J. Rückert, N. Ludolph, H. Paulsen. Investigation of different reaction coordinates in md simulations of the ala9 peptide at different pressures and temperatures. *Student Conference Proceedings 2023, Infinite Science Publishing*, 2024.

Zeitfracht Medien GmbH
Ferdinand-Jühlke-Straße 7
99095 Erfurt, Deutschland
produktsicherheit@kolibri360.de